L'INDICATEUR PRATIQUE

DU VITICULTEUR

OU

NOUVEAU SYSTÈME DE TRAITEMENT

POUR LE PHYLLOXERA

> Viticulteur, ne commets pas l'imprudence d'introduire un cépage américain dans tes vignes : apprends à connaître avant d'aimer.   C. B.
>
> L'ignorance et la routine sont un auxiliaire on ne peut plus puissant pour la propagation de l'insecte dévastateur, le **Phylloxera**.

LE PHYLLOXERA ET LE VITICULTEUR

QUESTION PHILOSOPHIQUE ET AGRICOLE

Par Célestin BASTIDE, Instituteur

AU CRÈS, PRÈS MONTPELLIER

Deuxième édition, tirée à 2,000 exemplaires

Se vend chez les libraires et chez l'auteur

Prix : 1 fr. 25 c.

MONTPELLIER

TYPOGRAPHIE GROLLIER, BOULEVARD DU PEYROU

—

1878

LE PHYLLOXERA ET LE VITICULTEUR

QUESTION

AGRICOLE ET PRATIQUE

L'INDICATEUR PRATIQUE

DU VITICULTEUR

OU

NOUVEAU SYSTÈME DE TRAITEMENT

POUR LE PHYLLOXERA

> Viticulteur, ne commets pas l'imprudence d'introduire un cépage américain dans tes vignes : apprends à connaître avant d'aimer. C. B.
>
> L'ignorance et la routine sont un auxiliaire on ne peut plus puissant pour la propagation de l'insecte dévastateur, le **Phylloxera**.

LE PHYLLOXERA ET LE VITICULTEUR

QUESTION PHILOSOPHIQUE ET AGRICOLE

Par Célestin BASTIDE, Instituteur

AU CRÈS, PRÈS MONTPELLIER

Se vend chez les libraires et chez l'auteur

Prix : 1 fr. 25 c.

MONTPELLIER

TYPOGRAPHIE GROLLIER, BOULEVARD DU PEYROU

MDCCCLXXVIII

AVANT-PROPOS

« *Omne tulit punctum qui miscuit utile dulci*
» *Lectorem delectando, pariterque monendo.* »
(HORACE)

Celui-là aura atteint le but qui saura joindre l'utile à l'agréable, en amusant le viticulteur et l'instruisant en même temps.

Si la Viticulture est, de toutes les manières d'utiliser le sol, celle qui assure le mieux le bien-être de la population rurale, il importe, en présence du fléau phylloxérique et des ravages qu'il occasionne dans nos contrées, de lui opposer une barrière pour l'empêcher de détruire entièrement la vigne dans le Midi.

Le mal connu, éloigné de l'arrondissement de Béziers à peine de quelques kilomètres, ayant anéanti tous les vignobles aux environs, ne tardera pas à faire son apparition, et quand nous aurons la certitude de son existence sur nos vignes encore indemnes de toute attaque de l'insecte destructeur, quoiqu'on ait cherché à nous insinuer, dans des conférences, que nous étions attaqués sans le savoir, et cela, en vue de préconiser les cépages américains, il nous sera très-difficile et presque impossible de combattre alors cet insecte redoutable et insaisissable.

Quels sont les remèdes contre cet insecte dévastateur?

Les Viticulteurs, qui sont les plus intéressés dans la question, n'ignorent pas qu'on a déjà essayé plus de *six cents procédés,* au nombre desquels il n'en est pas un seul qui soit pratique, et si par hasard certaines parcelles de nos vignobles en ont supporté l'application, on a dû compter sur une avance de fonds considérable, que la majeure partie des propriétaires ne pouvait s'imposer, ce qui a été une des causes déterminantes du peu d'empressement qu'on a mis à en faire l'application ; l'expérience nous démontre que les résultats obtenus ne sont pas encourageants.

Et d'ailleurs, il est évident que l'expérimentation des procédés qu'on a préconisés par des réclames bruyantes et par de médiocres résultats obtenus, a dessillé les yeux des hommes pratiques, et, si toutes les illusions tombent à mesure qu'on applique un procédé, est-ce une raison pour que le Viticulteur clairvoyant se décourage et pour que les hommes désintéressés ne puissent se mettre en présence de ces spéculateurs de la crédulité publique, entourés d'une auréole scientifique et de l'autorité d'un nom déjà connu ? Il appartient aux hommes vraiment dévoués à cette grave et complexe question de multiplier, au contraire, les observations ; d'apprécier, au point de vue agricole, les essais déjà tentés, et de ne pas perdre l'espérance, car c'est l'espérance qui a toujours apporté surtout le salut. Elle seule peut donner une inspiration raisonnée, qui ne demande qu'à être mise en pratique pour éviter notre ruine et conserver ainsi l'aisance des populations laborieuses, ainsi que la richesse de notre budget.

Quoique bien convaincu que les hommes de science trouveront enfin dans leurs lumières, dans leur amour du bien, dans leur patriotisme et dans leur inspiration personnelle, dans un temps plus ou moins éloigné, sans aucune pensée de spéculation, en vue d'un intérêt personnel, le procédé qui devra paralyser la marche du puceron dévastateur, sinon le détruire entièrement, nous avons cru néanmoins être utile à tous et satisfaire au désir d'un grand nombre de Viticulteurs, et leur éviter en même temps des hésitations coupables, en mettant sous leurs yeux un *procédé pratique*, à la portée de tout Vigneron, et efficace, attendu qu'il repose autant sur des propriétés chimiques que sur l'économie du travail et des déboursés, tout en modifiant favorablement la disposition moléculaire et les propriétés physiques du sol, assurant surtout, aux radicelles et aux racines de la vigne, une résistance relative aux attaques de l'insaisissable aphidien.

Puisse notre bonne intention être comprise de tous les Viticulteurs, à qui nous destinons notre travail, où nous nous sommes efforcé de démontrer le procédé dans toute sa simplicité! Ce système, avec notre concours le plus dévoué, réalise le désir, que tout Viticulteur a déjà manifesté, de voir disparaître de son vignoble ce terrible animalcule qu'on appelle *Phylloxera vastatrix*, ou bien s'en préserver. Puissions-nous aussi avoir atteint le double but que nous nous sommes proposé, de faciliter à tous le moyen de reconstituer les vignes dans les pays où elles ont été détruites!

Nous avons la ferme conviction que notre opuscule sera d'une réelle utilité pour les Viticulteurs et les Vignerons, chacun y trouvera les détails que nécessite notre système, et la formule indiquant à tout homme pratique la manière de procéder pour en faire l'application dans de bonnes conditions.

Nous avons assisté à de nombreuses expériences, nous avons longtemps médité ce sujet, nous y avons découvert d'immenses ressources et pour celui qui se trouve dans la nécessité de démontrer, et pour les intérêts du Viticulteur, qui, impressionné d'une manière fâcheuse, s'en va à la dérive pour conserver ses vignobles atteints ou menacés ; aussi, avons-nous sacrifié bien des veilles et des voyages. Ne fallait-il pas suivre de près et à leur insu les plus autorisés, surveiller leurs opérations et les approfondir au point de vue pratique ? Oh ! que ne fait-on pas quand le désir de sauver nous anime et que la conviction est là, inspirée par la raison, qui nous pousse et nous crie : courage et persévérance ! N'ayant pour notre part d'autre ambition que de faire le bien et être utile à nos semblables.

> Heureux, si nous avons découvert un procédé pratique pour conserver une seule vigne à chaque Viticulteur !

C. B.

A la mémoire de mon père, mort à son poste d'honneur, à la Salvetat-sur-Agoût.

C. B.,

Instituteur communal.

AU COMICE AGRICOLE DE BÉZIERS.

AU CONSEIL GÉNÉRAL DE L'HÉRAULT.

AUX VITICULTEURS DE L'HÉRAULT ET DE L'AUDE.

AUX INSTITUTEURS, MES COLLÈGUES.

A MES COMPATRIOTES DE PIGNAN.

LE PHYLLOXERA

ET

LE VITICULTEUR

> « *Omne tulit punctum qui miscuit utile dulci*
> » *Lectorem delectando pariterque monendo.* »
> (HORACE.)

Celui-là aura atteint le but qui saura joindre l'utile à l'agréable, en amusant le viticulteur et l'instruisant en même temps.

L'ignorance et la routine sont on ne peut plus l'auxiliaire puissant pour la propagation de l'insecte dévastateur, *le Phylloxera*.

Ce 3 août 1876.

I

C'est pour vous, Viticulteurs, que je prends aujourd'hui la plume d'une main et le drapeau de la résistance de l'autre pour nos vignobles. C'est pour toi surtout, Vigneron, homme de labeur, que je vais m'exposer aux critiques des mal intentionnés, aux injures des hommes qui, après avoir payé ton salaire, se tiennent quittes de toute reconnaissance. Heureusement, ces gens-là sont rares parmi vous ; mais pour moi les ennemis seront bien plus nombreux ! Aussi, te donnant depuis bien longtemps mon peu de savoir et m'imposant des sacrifices de toute nature, peut-être trop lourds pour moi, sans me préoccuper du lendemain, oui ! que m'importe ? avec ton concours, je me sens fort. Mon procédé, d'une grande simplicité, ne te coûtera pas cher pour le mettre à exécution, puisque la nature a tout mis sous ta main ; mais il me faut de ta part de l'obéissance, des soins assidus et beaucoup de labeur. Là est le prix de la victoire dans le combat que nous allons livrer à cet insecte dévastateur; vous le savez tous, Viticulteurs et Vignerons, ses ravages sont d'autant plus grands qu'il est infiniment petit.

Est-il vrai que souvent la Providence a soufflé une inspiration au plus humble, qui a parfois conduit l'homme attentif aux plus grandes découvertes? Quoi qu'il en soit et quoiqu'il me répugne de m'exposer à un tête-à-tête avec des hommes dont le mobile a été l'intérêt, je livre à votre sérieux examen mon procédé; hommes de labeur, libre à vous de l'expérimenter. Ce qui m'anime, c'est d'avoir la confiance que vous apprécierez mon désintéressement, Viticulteurs ! Plus que moi, vous êtes intéressés au succès de l'entreprise ! La situation de notre agriculture est gravement compromise, et nos vignobles s'en vont après quelques années d'agonie. N'attendons, croyez-moi, une amélioration aux maux qui nous affligent, que de l'activité que nous aurons mise à repousser les attaques de ce redoutable puceron ; d'en *Haut* nous vient aussi l'activité pour le bien.

C'est dans le mois de juillet surtout, Viticulteurs, que notre vigilance doit être active ; nous ne devons épargner aucune peine pour contrarier cet insecte dans ses pérégrinations et entraver ainsi sa reproduction ; c'est à cette époque que les cavités souterraines se peuplent de colonies nombreuses ; à l'état de larve, au sein de la terre et collé sur les radicelles, l'insecte ne tarde pas à prendre des ailes pour aller habiter de nouveaux arbustes et y déposer la semence de nouveaux pucerons.

Toutes les ressources de la science ont été mises en jeu, avec une sagacité qui honore tous ceux qui ont à cœur d'obtenir une prompte solution du problème. Toutes les tentatives ont eu, jusqu'à ce jour, un médiocre résultat, et on peut, en grande partie, s'expliquer l'insuccès, par la raison que tous les efforts ont été dirigés directement contre l'insecte aptère et sous terre, alors que par sa métamorphose et sa petitesse, il lui est permis de déjouer les plus habiles combinaisons du Viticulteur.

Il est aujourd'hui deux faits bien acquis, c'est que l'aliment nécessaire à son existence c'est la vigne, qui seule favorise une reproduction qui nous étonne ; ce qu'il dévore avec friandise de cet arbuste, ce sont les jeunes radicelles; aussi, est-ce sur le chevelu qu'on constate toujours de nombreuses colonies.

Maintenant, il nous reste à savoir que dans le courant du mois d'août l'insecte dévastateur a besoin du grand air et de la chaleur pour se reproduire, sous diverses formes ; aussi, peut-on constater que, dès qu'il est devenu insecte ailé, il s'envole de tous côtés pour déposer sur les ceps, qu'il préfère, ou sur les feuilles, la semence qui doit encore donner une nouvelle progéniture, après avoir passé l'hiver sur le cep.

Nous voilà donc, Viticulteurs, sur les traces de cet ennemi redoutable ; connaissant les chemins qu'il fréquente pour prendre ses ébats, il nous sera permis de le contrarier si nous ne pouvons le tuer momentanément, car ce ne sera que quand la récolte pendante aura été cueillie qu'il nous sera permis d'appliquer le spécifique pour le détruire sous terre. Tâchons de le contrarier actuellement dans ses pérégrinations sur le sol et de paralyser ainsi sa reproduction.

Ce 13 août 1876.

II

Vous êtes étonnés, Viticulteurs, de me voir arriver de si grand matin dans vos vignes. Si je vous ai devancés, c'est qu'en présence du grave problème qui nous est posé, je me suis empressé de prendre du repos, hier, dimanche, pour avoir les forces nécessaires, afin de remplir ma tâche, et pour combattre aussi la routine qui, malheureusement, règne encore parmi nous.

Sous le prétexte que l'homme est né pour vivre en société, vous avez en grande partie passé la soirée au café ; depuis bien longtemps, je me suis convaincu que dans ces réunions on fait peu d'agriculture, et faire de la viticulture, c'est faire aussi de la bonne politique, et, puisque vous voulez bien me suivre, nous nous distrairons mieux à l'avenir, au milieu de nos vignobles, nous y gagnerons sous tous les rapports.

Depuis mon arrivée, je ne suis pas resté inactif : sur toute la longueur de la vigne, vous pouvez compter les petits tas que j'ai disposés en forme de fourneau, avec des herbes sèches, de la paille et de petits morceaux de bois; ces fourneaux doivent être distancés les uns des autres de quatre à cinq mètres environ. Si je n'ai fait cette opération que du côté d'où arrive le vent, c'est à dessein, les éléments sont à notre service.

Comme je ne pourrais surveiller à moi seul l'opération que nous allons faire ensemble, *Pierre* ira au bout à droite, vous tiendrez le milieu, et moi-même je surveillerai l'autre extrémité. Cette opération, si simple qu'elle vous paraisse, a son importance au point de vue chimique, d'une part, et des conséquences graves qu'il pourrait en résulter, de l'autre, si nous manquions d'activité et de vigilance. Autant qu'il m'a été permis par la distance qui nous sépare de notre voisin, je les ai placés assez loin de la souche pour ne pas mettre le feu au feuillage et aux herbes qui pourraient le communiquer à la vigne. Par précaution, nous voilà munis d'une pelle et d'un baquet plein d'eau, afin de modérer la flamme ; ce n'est pas la flamme qu'il nous faut, mais bien de la fumée.

Quand ces petits tas seront presque dévorés par le feu et que nous aurons un petit brasier, alors nous y jetterons les matières qui se trouvent dans ces petites caisses ou paniers, placés de distance en distance; vous êtes surpris d'y voir de la corne, que j'ai ramassée devant la boutique du maréchal, et de la résine concassée, dont j'avais déjà fait une petite provision ; c'est dans le but d'obtenir une fumée épaisse et puante, que le vent fera pénétrer sur toutes les souches du vignoble. Si la vigne avait une plus grande étendue, nous devrions faire la même opération à la limite où nous verrions que la fumée perd de sa consistance, mais cela suffit pour celle-ci. Il sera peut-être nécessaire d'aviver le feu de ces petits fourneaux, aussi avons-nous gardé en réserve une poignée d'herbes et de bois.

Maintenant que le soleil a presque séché les petites perles de rosée qu'une sereine et bienfaisante nuit avait déposées sur les feuilles de la vigne, il est temps de commencer notre opération, car c'est à partir de cette heure-là que le Phylloxera commence à voltiger. Ne le croyez pas sans intelligence, *si vous me passez le mot*, Viticulteurs, il a aussi comme tous les êtres l'instinct de la conservation, et si la vision lui fait défaut lorsqu'il habite le sol, il est sans conteste que le Phylloxera, comme tant d'autres insectes, est attiré sur la racine et les feuilles de la vigne par les émanations que cet arbuste répand, et que cet aphidien possède un organe d'olfaction aussi redoutable que le petit instrument dont il perfore les radicelles.

Vous devinez sans peine, Viticulteurs, le but que nous voulons atteindre : cette fumée, d'une odeur pénétrante, l'importunera si elle est d'une certaine durée, alors il cherchera à se mettre à l'abri. Ainsi, il ira d'une surface de feuille à l'autre, et si cet état anormal de l'athmosphère, où il respire, persiste, il s'envolera chez le voisin, s'il n'a pas eu la précaution de faire aussi cette opération, et nous voilà en partie délivrés de sa présence ; l'opération, répétée plusieurs fois d'ici aux vendanges, nous en assure l'efficacité. Mais si les voisins ont fait comme nous, alors il suivra les ceps de la vigne et ira de nouveau déposer ses œufs sur la souche elle-même près du sol. Dès-lors, réunis sur un point connu, il nous serait facile de les détruire en grande partie, et pour obtenir ce résultat nous devrions nous hâter de faire l'échafaudage des souches pour détruire les œufs d'hiver qui y auraient été déposés ; mais cette opération ne peut se faire sans compromettre la récolte, pour ne pas dire qu'elle est presque impossible à cette époque. Nous devons aussi nous rendre compte des grandes dépenses que nécessite l'échaudage de la vigne, opération délicate, qui ne doit être mise en pratique que dans un cas désespéré ; aussi, il nous suffit de traquer pour le moment l'insecte ailé, laissons-lui la liberté de rentrer dans son ancienne demeure, dans quelques mois, nous serons plus heureux pour l'atteindre dans son existence.

Nous avons déjà assez travaillé, allons prendre un peu de repos et de nourriture. Je vous dirai plus tard que cette opération aura un double avantage et dont vous ne vous doutez pas.

On m'en a tant conté sur ce terrible insecte, et j'ai de mes oreilles entendu et de mes yeux vu tant de définitions et de mots étranges, qui n'apprennent rien au Viticulteur, que je réponds à tous ceux qui me parlent de Phylloxera :

« Aux petits des oiseaux Dieu donne la pâture
» Et sa bonté s'étend sur toute la nature. »

Ce 17 août 1876.

III

Viticulteurs, chacun de nous a sa façon de penser, et je vous entends dire tout bas : Mais cette question du Phylloxera rentre *par cette citation* dans le domaine de la philosophie. Eh bien, oui ! et ce n'est qu'à ce double point de vue que la question devient complexe. Aussi, je n'hésite pas à le dire, voyez-vous comment on n'a pu encore arriver à nous démontrer si le Phylloxera était cause ou effet de la maladie qui ravage nos vignobles ? Les uns nous disent oui, les autres nous disent non, cependant ce sont tous des hommes versés dans la science, et qui croire ? — LA RAISON. Puisque vous vous êtes rendus à mon appel en plus grand nombre, Viticulteurs, je vous parlerai avec cette conviction d'une vérité bien sentie et sans détours.

Pourquoi, Viticulteurs, recherchons-nous les beautés de la nature ? — Parce que nous y trouvons tous les jours, à toutes les saisons, des plaisirs nouveaux, et cela jusque dans les moindres objets et même les plus invisibles insectes. Aussi, aujourd'hui, je me suis muni d'instruments pour vous faire jouir, par la vue, de ce petit animalcule, de sa beauté, et vous prouver la puissance et les desseins impénétrables de celui qui a tout créé. Lorsque vous l'aurez vu de près, ce redoutable puceron, vous y découvrirez, comme moi, mille sujets de surprise et d'étonnement.

Quoique l'expérience des procédés appliqués jusqu'à ce jour nous donne une idée peu flatteuse du mobile qui a dirigé les recherches, elle ne nous autorise pas à mépriser les chercheurs de procédés, quels que soient les sentiments qui les aient dirigés. Il est juste

de lire leurs œuvres et de les entendre même ; en les écoutant, chacun à part, serons-nous obligés, peut-être, à prendre des leçons d'un maître plus sûr et qui ne se trouve jamais en contradiction avec lui-même :
LA NATURE.

Dites-moi, Viticulteurs, avez-vous dans votre village un homme assez sérieux qui s'amuse à étudier les insectes qui ravagent les récoltes ? — On les écrase, me dites-vous ? Nos bons jardiniers sont peut-être les seuls qui, par leur vigilance, savent conserver et préserver les plantes des atteintes des milliers d'insectes répandus dans leur jardin, tout en respectant la volonté du Créateur, car chacun a son rôle tracé ici-bas.

Voici le microscope, Viticulteurs, à son foyer, admirez cet insecte qui sera cause de notre ruine dans quelques années. Si la Providence n'a pas jugé indigne d'elle de le créer comme tant d'autres, est-il indigne de nous de le considérer dans tous les détails, et si nous jugeons par ce que nous y voyons de plus commun et de plus sensible à notre vue, grâce à cet instrument, qui augmente son volume, tout en nous donnant la réalité, combien ce qui demeure caché à nos yeux et à notre intelligence nous causerait de surprise s'il nous était dévoilé ? Notre raison comme notre intelligence a aussi une limite, sans cela l'homme serait un Dieu, tandis qu'il n'en est qu'une faible image.

N'allez pas vous imaginer, mes amis, que nous allons faire un cours d'entomologie ; mes faibles connaissances en zoologie ont aussi une limite, comme ma raison ; mais j'ai voulu vous faire goûter le plaisir que j'éprouve moi-même en admirant les proportions surprenantes de ses organes et de ses membres délicats. Nous n'en finirions pas si nous parlions des variétés de son espèce, de ses inclinations, de ses ruses ; la belle saison n'est pas encore à la veille de nous quitter, et comme il existe sur les racines des souches atteintes à deux pas de nos vignobles, nous pourrons donc le considérer à tous les états de développement depuis l'œuf jusqu'à ce qu'il soit devenu adulte.

Il vous sera maintenant permis de distinguer le Phylloxera adulte sans courir le risque de faire comme Jean, qui, sa loupe à la main, pensait avoir trouvé le Phylloxera, alors qu'il avait découvert tout autre petit insecte, sans se préoccuper de sa conformation.

Loin de ma pensée, Viticulteurs, de vous contester le droit de détruire, sans pitié, les animaux de toute espèce qui en veulent à nos récoltes; la bonté du Créateur a tout mis à la disposition de l'homme, et si parfois sa justice nous frappe, sa bonté inépuisable nous suggère mille moyens d'adoucir les effets de sa rigueur.

Examinons maintenant quels sont les résultats que nous avons obtenus par notre bien simple opération de ce matin. Cette fumée épaisse, noire et pénétrante, a été pour nos souches le véhicule des sels, des huiles et des autres principes dont le mélange nous a coûté si peu. Car une molécule d'air étant spécifiquement moins massive qu'une pareille molécule de fumée, cette dernière ne sera entraînée que par la force du vent à une faible distance ; dès lors, tous les principes fertilisants profiteront à la vigne, tout en conservant la diversité des saveurs et des odeurs qui doivent repousser, pour le moment, l'insecte ailé dépositaire de l'œuf d'hiver, dont le principe vital doit contribuer à la ruine de nos vignobles. Si cela n'est pas, démontrez-moi le contraire.

Vous ne le savez que trop, Viticulteurs intelligents, ce n'est pas seulement aux désastres causés par le bouleversement de l'atmosphère que la vigne est exposée; le Phylloxera n'est pas le seul insecte avec lequel nous ayons à compter; il en existe encore un assez grand nombre plus ou moins redoutables et dangereux pour son existence, sans parler ici des maladies auxquelles la vigne est encore sujette.

Nous constatons dans nos parages que, dans l'ordre

des lépidoptères, la Pyrale nous fait de grands ravages, et si cette opération très-pratique, ne peut l'atteindre aussi qu'en partie, pendant le repos de la végétation, elle est très-efficace au moment de la floraison, alors que l'insecte dévore les fleurs et qu'il enveloppe de ses fils soyeux les grains de la grappe. Le moment venu, les larves et les œufs de la Pyrale ne sauraient résister à notre procédé, qui sera moins dispendieux pour le propriétaire que le procédé de l'eau bouillante, dont on se sert pour atteindre les œufs dans les anfractuosités de la charpente des ceps.

L'Attelabe et l'Altise, dans l'ordre des coléoptères, ne peuvent aussi qu'être contrariés de l'état anormal de l'atmosphère qu'ils devront respirer, ils ne tarderont pas à s'envoler des vignes qu'ils auront commencé à dévorer, et ne croiront pas leurs œufs en sûreté sur les feuilles qu'ils roulent en forme de cigare, et comme cet insecte n'éclot que dans la dernière quinzaine de juin, cette éclosion correspondant à l'époque de notre opération, l'insecte ne pourra dévorer les feuilles, car il est démontré aussi que les insectes ailés n'ont jamais séjourné là où a existé la fumée pendant un certain laps de temps.

Vous me demandez si j'en ai fait l'expérience, que vous importe! Avant de vous répondre affirmativement, laissez-moi vous demander si, quand vous étiez sous le commandement de votre courageux général, vous lui observiez s'il avait mis à essai le plan qu'il vous faisait exécuter pour obtenir la victoire. Le succès a toujours dépendu de l'entrain, de l'ardeur et de l'ensemble du mouvement que vous avez exécuté, lorsque vous entendiez le commandement : en avant ! La confiance que vous aviez dans votre général faisait toute votre force. Moi aussi, je vous crie : au travail ! Il ne fallait pas s'enrôler sous le drapeau de la résistance, et si vous ne vouliez pas obéir, je me verrais obligé, après en avoir démontré l'efficacité, d'y contraindre les récalcitrants, car, dans cette grave question, nous sommes tous solidaires, le salut de la patrie l'exige et le bien-être des populations nous en fait un devoir.

Nous n'arriverons pas à cette extrémité, grâce à l'accueil bienveillant que vous me témoignez par votre empressement à assister à cette opération préparatoire et dont vous vous êtes rendu compte en grande partie ce matin ; je le sais, vous ne demandez qu'à être éclairés, et vous recherchez comme moi un procédé pratique.

Mais il nous reste encore, Viticulteurs, à démontrer combien nous aurons à profiter de ce procédé pour combattre les effets fâcheux du soufrage fait sans discernement par des enfants ou des femmes.

L'idée d'en tirer un bon parti m'a été inspirée par les plaintes d'un Viticulteur, cette semaine même ; il se plaignait amèrement qu'une partie de sa récolte avait été grillée par l'ardeur du soleil.

Nous vous en expliquerons la cause prochainement.

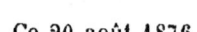

Ce 20 août 1876.

IV

Le soufrage des vignes est une opération si importante au point de vue de nos intérêts, que vous me pardonnerez cette digression, Viticulteurs ; elle aura pour nous son utilité, car, dans la suite, cette opération sera intimement liée avec la question principale qui nous occupe, la destruction du Phylloxera.

Vous n'ignorez pas la raison qui m'a conduit à vous parler de cette opération ; cette digression est d'autant plus excusable qu'elle est courte et soulevée à propos.

Est-il vrai que nous pratiquons ordinairement le premier soufrage quand les bourgeons ont atteint une longueur de 12 à 16 centimètres ? Le second a lieu au moment de la floraison, et sont rares les Viticulteurs qui ne font pas un troisième soufrage lorsque les raisins ont atteint une certaine grosseur.

Il faut le reconnaître, nous faisons l'opération du soufrage sans nous rendre bien compte de cette opération. Je la fais parce que mon voisin la fait, et parce qu'elle est considérée comme le remède souverain contre l'oïdium. En effet, le soufrage de la vigne, fait dans des conditions raisonnées, peut être considéré comme l'unique remède contre ce cryptogame, qui a failli être aussi notre ruine.

Vous ne l'ignorez pas, Viticulteurs, nous devons ce grand résultat à la persistance d'hommes aussi profonds que méritants, nous le devons à la conviction qu'ils avaient de l'efficacité de l'emploi du soufre. Ils savaient que le succès dépendait surtout des conditions dans lesquelles cette matière serait employée ; ce n'est pas sans avoir raisonné le procédé, croyez-le, qu'ils en ont usé avec une persistance qui a couronné leurs efforts. Cependant, en général, les Viticulteurs en avaient combattu l'adoption, il y a peu d'années, car ce n'est que bien difficilement que nous sortons de l'ornière de la routine ; nous ressemblons un peu à saint Thomas, il nous faut voir pour croire.

Nous avons encore présent à l'esprit le désespoir général qui s'empara des Viticulteurs et des pauvres ouvriers, quand ils se virent privés de cette ressource. Vos craintes sont aujourd'hui encore bien légitimes.

Si nous voulons faire le soufrage dans de bonnes conditions, afin qu'il produise l'effet que nous en attendons, il nous faut connaître la matière que nous allons employer ; dès lors, nous ne pouvons qu'obtenir de bons résultats, sans compromettre en partie la récolte que nous sommes en droit d'espérer comme récompense de nos travaux.

Le soufre est une substance solide dont nous saupoudrons nos vignes, après l'avoir réduit en poudre fine; elle est très-efficace pour faire disparaître les maladies cutanées. Nous ne devons pas ignorer que, sous l'action de la chaleur, il s'unit à l'hydrogène pour former le gaz hépatique ou gaz hydrogène sulfuré, dont l'odeur est si active et si repoussante. Il est constant que les personnes qui manipulent cette matière ou qui vivent habituellement dans un air chargé d'exhalaisons sulfureuses ne contractent jamais de maladies de la peau.

Or, cette moisissure, cette matière blanche qui apparaît tantôt sur les bourgeons et le bois ou sur les feuilles, se montre parfois avec la floraison, d'autres fois elle ne paraît que lorsque le fruit approche de sa maturité, et quelle que soit l'époque de son apparition, les résultats sont les mêmes : la récolte est gravement compromise, alors qu'elle n'est pas entièrement perdue; cette maladie qui, sous l'influence de la chaleur et de l'humidité, se développe d'une manière étrange, c'est-à-dire à l'infini, et qui fait des ravages incalculables en peu de temps, tellement elle est contagieuse, n'est autre chose qu'une maladie de la peau. Ce cryptogame implante ses racines sur la pellicule des raisins, qui, privés ainsi de l'influence de l'air, ne tardent pas à dépérir sous cette funeste étreinte, et lorsque ce maudit champignon a pris un certain développement et qu'il a la force d'ouvrir le grain pour y pomper le suc nourricier des fruits, dès lors, il ne tarde pas à se dessécher et à mourir.

Il est donc important, Viticulteurs, de porter notre plus grande attention à cette opération et de ne la confier qu'à des personnes raisonnables et voire même intelligentes, pour utiliser autant que possible cette matière dans une mesure qui ne soit pas préjudiciable à nos intérêts, non-seulement pour les déboursés que nécessite l'achat du soufre, mais en vue encore de ne pas compromettre la récolte par une opération faite sans discernement.

Bien souvent nous accusons la Providence de tout ce qui nous arrive de fâcheux pour nos récoltes, et souvent nous en sommes nous-même l'unique cause. Si le soufrage est une opération qui nous met à l'abri d'un désastre, il faut que les aspersions avec cette matière soient faites avec discernement, car le soufre contient aussi de la chaleur, puisqu'il y a du feu. Vous n'ignorez pas, Viticulteurs, qu'il est composé d'huile et de sel acide vitriolique. Si donc l'huile est composée de feu, d'air, d'eau, de sel et d'une matière inconnue, pour moi, qui lie le tout, le vitriol étant composé de parties salines et de parties métalliques, vous savez quels sont les funestes effets de cet agent. Or, si vous jetez sur la vigne une trop forte dose de soufre, vous ne pouvez que compromettre son existence, car la chaleur qui nous est distribuée par le soleil est bien suffisante pour faire arriver le fruit à sa maturité à l'époque voulue ; aussi, quand à la suite du soufrage arrivent des journées d'une chaleur excessive, nous ne tardons pas à avoir nos raisins grillés. Je vous le demande, est-ce la faute de la Providence ou du soleil ? Faisons notre *mea culpa*, Viticulteurs, parce que nous avons manqué de prévoyance en ne surveillant pas de près l'opération du soufrage et que, d'autre part, en passant, nous n'avons pas voulu prendre la peine de courber sur le fruit une pousse à bois recouverte de larges feuilles placée à dessein par la Providence pour faire ombrage au fruit. Voilà comment, bien souvent, une négligence nous fait perdre le fruit rémunérateur de notre pénible labeur.

Selon les savants, cette maladie n'est pas nouvelle, nous en trouvons les traces dans les temps les plus reculés. La culture de la vigne remonte avant la conquête de notre pays par les Romains, qui ont laissé dans nos parages tant de traces de leurs grandioses conceptions ; la vigne avait pris une telle extension qu'un préteur romain, Donatien, craignant une disette, se détermina à convertir en terres à blé la moitié des vignobles. *C'était prudent de sa part.* On rapporte aussi que l'empereur Probus aurait fait arracher, en 276, toutes les vignes des Gaules, afin de mettre un terme à la maladie.

Quoi qu'il en soit de ce qui a eu lieu dans ces temps reculés, il est vrai que la vigne a été de tout temps sujette à des maladies qui ont eu le caractère de véritables épidémies, qu'on ne pouvait conjurer à cette époque, faute d'avoir les moyens d'appréciation.

Toutes ces maladies sont aussi anciennes sans doute que la vigne elle-même, et le Phylloxera vastatrix existe depuis que tout a été créé. J'ignore s'il nous est venu d'Amérique avec les cépages tant préconisés, ou du Pérou avec les engrais qui devaient agir d'une manière si merveilleuse, ou s'il est cause ou effet de la maladie qui nous occupe. Si je veux chercher l'origine dans une cause physique qui ait pu le produire, je me plonge dans les ténèbres les plus épaisses, nous devons trouver tous les animaux et toutes les plantes d'une forme déterminée et toujours la même, la Providence voulant ainsi nous faire voir ici-bas une grande diversité de corps organisés. Doutez-vous, Viticulteurs, que dans sa sagesse sa main créatrice n'en ait pas borné le nombre ? Nulle action et nul concours ne saurait ajouter un nouveau genre de plante ou d'animal à ceux dont elle a peuplé la terre des *germes* et déterminé la forme. Mais si notre raison attache l'origine des uns et des autres à un dessein, nous comprendrons, sans effort, qu'elle les destinait à servir dans la durée des temps, et qu'ainsi elle nous a rendu des services favorables par l'impossibilité d'y ajouter ni de les détruire entièrement. Cette pensée, Viticulteurs, n'a rien qui puisse blesser votre croyance et me déshonorer ! J'y trouve l'évidence même d'une puissance qui est invariablement obéie, d'une sagesse qui a tout prévu, et d'une bonté pour nous, qu'elle a préparé par cette sage distribution des services aussi variés qu'infaillibles.

Hâtons-nous, Viticulteurs, de descendre de ces hautes sphères, si nous montions un peu plus haut, nous ne pourrions soutenir la vue de la majesté de celui qui nous dit : *Votre intelligence n'est qu'un souffle de ma puissance!*

Or donc, l'opération du soufrage a une grande importance pour nos vignobles. Avez-vous remarqué que certains propriétaires ne font jamais cette opération aux souches des vignes qui longent les routes, par la raison que les cryptogames ne pouvant se développer que par l'influence de la chaleur ou de l'humidité, cette dernière étant absorbée, dit-on, par la poussière, les ravages en seraient arrêtés et bien amoindris ? Il me semble que cette manière de voir est par trop absolue, car il faut admettre que dans cette poussière il existe une certaine quantité de soufre et de fer, ce qui nous oblige à conclure que nous devons employer cette matière avec un certain ménagement. Après le premier soufrage dont la vigne a peu à souffrir à cette époque, malgré une forte aspersion dont les effets sont tempérés par la fraîcheur des nuits et une douce chaleur pendant le jour, il est prudent pour obtenir de bons résultats de saupoudrer, au dernier soufrage, les souches avec un mélange de cette poussière des routes ou bien des plâtras bien pilés et tamisés, afin d'éviter ce durcissement de la pellicule du grain du raisin que nous voyons d'une couleur noirâtre, alors qu'il a été grillé, par le soufre, au contact des ardeurs du soleil ; cette callosité en arrête le développement, notre récolte est dès lors en grande partie compromise. Aussi, je ne saurais assez vous recommander cette opération de fumigation aux époques indiquées ; elle remplacera avantageusement les derniers soufrages par les vapeurs qui s'en dégageront, sous l'influence de la chaleur du soleil ; les sels qui s'en détacheront seront bien plus efficaces, sans avoir les inconvénients du soufre employé trop fréquemment ; double avantage : économie de temps et d'argent.

Allons courage, Viticulteurs, l'époque des vendanges arrive à grands pas, il me tarde autant qu'à vous qu'elles soient terminées; pendant le temps que vous mettez tout en ordre dans le cellier, l'époque de la maturité du raisin arrivera; ne soyons pas trop pressés et attendons que la maturité soit complète, que le raisin ne soit pas acide. En vous disant : *ni trop tôt, ni trop tard*, c'est vous dire de faire la cueillette alors que les raisins ne peuvent plus profiter sur le cep. Votre vin sera bon ou mauvais suivant l'art avec lequel vous le fabriquerez, vous ne sauriez y apporter trop de soin, et qu'il ne vous tarde pas d'avoir surtout bientôt fini ! Malheureusement on a préféré la quantité à la qualité, aussi serons-nous plus d'un dans l'embarras. Certes, nous avons la quantité, mais nous l'avons encore en cave, ce qui nous fait soupirer souvent. C'est là un avertissement sévère. Je ne puis encore dire si nous en profiterons; en attendant, voyons s'il nous est permis de faire connaître les conditions auxquelles nous avons obtenu la quantité.

Ce 3 septembre 1876.

V

Viticulteurs, vous vous faites ordinairement ce raisonnement : « Plus ma vigne sera pourvue d'engrais, plus elle sera travaillée, plus elle me donnera de produits. » Le vigneron intelligent sait que la terre ne s'épuise pas dans de telles conditions et qu'elle n'est pas ingrate non plus. Mais si ces vérités sont évidentes pour toute intelligence qui raisonne, il faut cependant faire ces opérations dans une limite déterminée et en rapport avec les semences qui sont confiées à la terre et encore à la nature des plantes qu'on cultive.

A la suite d'une forte fumure et de travaux nombreux, nous obtenons une végétation exubérante de nos vignobles, et nous pensons avoir bien servi *nos intérêts*, en obtenant, *momentanément*, une plus abondante récolte de raisins. Mais à quel prix avons-nous obtenu la quantité, s'il vous plaît, Viticulteurs ?

— Aux dépens de la qualité et de la santé de la vigne, car elle puise plus dans l'atmosphère que dans le sein de la terre, et je vous prie de remarquer que des hommes savants sont à la veille de nous démontrer, en voulant guérir la vigne de l'insecte dévastateur, qu'il faut à son existence l'air et l'espace, et qu'elle ne peut désormais vivre, vu l'extension qu'on donne à sa culture ; dans les conditions actuelles, où elle vit, la vigne ne peut respirer tous les éléments nécessaires, non-seulement à son existence, mais encore pour nous donner une bonne qualité de vin.

D'autre part, n'avons-nous pas remplacé nos bons cépages par des vignes qui nous donnent une récolte plus abondante ? Poussés par l'intérêt, nous planterons l'aramon pour avoir encore la quantité ; le vin sera peut-être un des plus mauvais, n'ayant presque pas de couleur ni de goût ; aussi, quand les chaleurs arrivent ou qu'il est obligé de voyager, nous voilà exposés à de grandes déceptions, et la plus grande partie de nos récoltes est condamnée à aller rejoindre le vin du terret-bourret à la chaudière du distillateur, si nous ne le vendons pas à vil prix : qu'importe, il nous faut la quantité !

Quand, en 1848, l'*oïdium* s'abattit sur nos vignobles, les Viticulteurs qui eurent de l'aramon et du terret-bourret en tirèrent un bon parti, pendant quelques années, grâce au caractère distinctif de ces cépages ; leur grande fertilité semble braver la gelée, ces variétés résistent en partie aux maladies ordinaires dont les autres cépages sont parfois atteints.

Les vignes étaient pour ces Viticulteurs une véritable Californie ; la quantité à cette époque nous servait bien, c'est-à-dire que nous vendions l'eau à prix d'or. Les temps ont bien changé depuis. On a planté et on plante encore. Nous sommes dans la nécessité de nous demander : quelle est la cause de l'avilissement du prix du vin? Examinez la quantité et la qualité, et vous aurez la solution du problème. N'allez pas la chercher dans les commotions commerciales, dans cette lourde atmosphère qui pèse sur les transactions ! Nous avons la quantité, et pour simuler la qualité, nous avons recours, ou du moins on a recours, à des moyens peu avouables, *la fraude*, pour obtenir un semblant de qualité. Nous n'avons plus le sentiment du bon et du beau, il nous faut la quantité.

Si nous savons reconnaître que planter des vignes qui nous donnent des grappes belles, bien garnies et pleines de ce jus qui éveille notre esprit et nous donne la santé, nous aurons alors servi nos intérêts. — Nous les trouverons toujours dans la qualité.

La question de destruction du Phylloxera que nous allons traiter ensemble est de la plus haute importance, il n'y a que la volonté qui puisse nous donner le courage d'opposer une barrière à la marche fort étrange de cet insecte dévastateur et renouveler, en même temps, les vignobles qu'il a détruits.

Laissez-moi encore, Viticulteurs, vous faire entrevoir les graves conséquences qui pourraient en résulter, si, par notre indifférence, nous laissions un passage ouvert à cet ennemi dangereux. On l'a dit avec beaucoup de raison : « le véritable phylloxera de la vigne, le vrai phylloxera de l'homme !... C'est l'homme !... » Oui, l'ignorance est le Phylloxera de la société et de nos vignobles, et, si je partage cette pensée d'un Viticulteur aussi savant qu'expérimenté, je ne puis admettre, comme lui, que les *cépages américains* auront le privilège de remplacer nos cépages. Disons, en passant, que ce terrible aphidien n'est peut-être pas si coupable que nous le supposons. Qu'a-t-il comme nourriture, dans nos vignobles, si ce n'est les radicelles et les feuilles de la vigne ? Nous ignorons si la récolte atteindra encore le chiffre d'hectolitres qui a procuré le bien-être des populations en remplissant les caisses de l'Etat. Je parle par conséquent de toute la France, parce que nous sommes tous solidaires dans cette grave et importante question, qui est pour le pays une question de vie ou de mort.

N'est-ce pas, Viticulteurs, que le vin est un des plus grands éléments d'échange ? Combien de bras n'occupe-t-il pas ? Si cette grande artère de notre industrie ne fonctionne plus, que va devenir le bien-être de nos familles ? Voyez d'un coup d'œil profond et scrutateur que de misères nous aurons à soulager et où trouver les ressources nécessaires pour remplacer les éléments de travail que la vigne nous procure. N'est-il pas aussi le moteur de cette grande machine que les étrangers admirent chez nous et que nous appelons *administration ?* Le moteur brisé, les divers rouages ne pourront que rester immobiles faute d'aliments. N'est-ce pas le vin qui fait la richesse de nos budgets pour satisfaire à toutes les dépenses qu'il nous serait très-difficile de vous énumérer en ce moment ? Si je me suis permis ces détails, c'est que je vous dois la vérité en tout, et je vous en conjure, si grand que soit le mal et si redoutable que soit le puceron dévastateur, ne soyons pas découragés, ne restons pas inactifs et les bras croisés, faisons l'expérience de notre procédé sur une large échelle ; il nous sera d'autant plus facile qu'il ne nous faudra pas beaucoup d'argent ; à chaque jour sa peine, mais je ne vous le cache pas, il nous faut de la constance et du travail en rapport avec le mal. Les recherches ont été uniquement confiées jusqu'ici aux hommes savants : « Expérience passe science. » Et la pratique de tous les jours nous démontre qu'il faut franchir ce cercle étroit où l'on a tourné sans cesse sans pouvoir en sortir.

Nous allons donc commencer par indiquer les opérations que nous croyons utiles de faire et que nous pourrions, au besoin, garantir jusqu'à un certain point, afin d'arrêter la marche du Phylloxera dans nos vignobles; chaque indication devra avoir sa démonstration, tant au point de vue chimique qu'agricole : c'est là la marche à suivre, pour obtenir les résultats que nous voulons atteindre; à moi donc, Viticulteurs, la tâche d'indiquer et de démontrer, et à vous celle d'en faire l'application et l'expérience, en vue de servir vos intérêts personnels et ceux du pays.

Ce 17 septembre 1876.

VI

Vainement j'ai demandé à la science quelle était la cause de ces excroissances qui se développent sur les radicelles et qu'on appelle *nodosités*. Vainement comme vous, Viticulteurs, j'ai demandé encore quelle substance renferment ces nombreux renflements, et puisque plusieurs savants nous disent que le Phylloxera vastatrix est cause ou effet de la maladie, nous attendons impatiemment qu'on nous dise aussi quel est ce liquide que l'insecte dévastateur, à l'aide de son suçoir, inocule dans les radicelles de la vigne; liquide extraordinaire pour que, sous l'effet de la piqûre, il puisse donner la mort à nos vignobles.

Si les blessures faites par l'insecte sont mortelles, nos vignes sont donc empoisonnées? Mais tout poison a son antidote; qu'on nous dise donc bien vite quelle est la nature de ce poison. Les radicelles tombent en pourriture, voilà ce que nous sommes malheureusement obligés de constater.

Nous attendrons probablement la réponse aussi longtemps que celle des marchands de cépages américains, avant que ces derniers puissent encore nous dire ce qui caractérise dans ces cépages exotiques leur résistance à l'insecte insaisissable.

Je n'ai pas la prétention, Viticulteurs, de me poser en docte pédagogue, je sais que je suis peut-être au dernier échelon, mais il n'y en a pas de mieux intentionné que moi et qui soit plus affligé que moi des résultats obtenus ? Nous ne saurions fuir la discussion ; au contraire, nous la provoquerons jusqu'à ce qu'on nous parle raison. Si nous avions le temps aujourd'hui, nous pourrions apprécier le nombre infini des procédés connus et inventés ; au point de vue pratique, ce serait nous convaincre que la raison n'est pas toujours avec eux, et faisant, nous aussi, le voyage d'Amérique, nous pourrions, étant sur les lieux, nous rendre compte, en grande partie, de la cause de la résistance de ces cépages qui sont pour certains le *nec plus ultra* de la vigne.

Laissons donc, Viticulteurs, discuter les hommes à découverte des procédés violents ; mettons, s'il nous est possible, un terme à toutes ces polémiques et discussions stériles en repoussant l'insecte dévastateur, et guérissons ainsi nos vignobles de cette maladie latente qui nous assure notre ruine.

Nous nous trompons étrangement si, en inventant des systèmes et des agents qui ne visent que la destruction (c'est la monomanie des intelligences de ce siècle, ce qui prouve notre décadence), nous pensons obtenir de bons résultats. Je vous le dis et vous l'affirme sans réserve : on n'enfreint jamais les lois de la nature sans en être puni.

Bien souvent pensant servir notre égoïsme insatiable, nous avons trompé la nature, en faisant entrer, comme par *contrebande*, des engrais et des travaux dans nos vignobles ; ces éléments à forte dose ne peuvent qu'être suivis d'une réplétion continuelle des vaisseaux qui, troublant l'équilibre naturel de la sève, nuira nécessairement à la santé et à la vie de nos vignes. Les plantes ayant aussi, comme nous, reçu de la Providence un organisme *ad hoc*, chacune d'elles ne doit recevoir qu'une quantité de nourriture proportionnée à sa taille et cette capacité étant en rapport avec l'organisme dont elles ont été douées et qui doit perpétuer leur existence jusqu'à la limite que leur a assignée le Créateur.

Je n'ai pas besoin de vous le dire, Viticulteurs, vous le voyez mieux que moi ; nos vignes sont bien malades, et la situation de nos vignobles n'est pas rassurante pour notre pays. Mais à ce malade, digne de toute notre sollicitude, ne lui donnons pas un remède pire que le mal qui l'étreint ; prenons nos précautions avec les agents violents qu'on nous indique. Pour ma part, je les repousse de toutes mes forces, parce que là où est encore l'espoir de la vie, nous apportons la mort. Usons plutôt d'un moyen plus pratique et plus raisonné.

Or, nous savons l'endroit où réside le mal, apportons-y le remède sûrement, mais progressivement. Vous n'ignorez pas non plus que c'est par l'extrémité des radicelles que la vigne puise dans le sol une partie des éléments qui doivent la nourrir ; nous savons aussi que si la vigne est privée des suçoirs, qui sont comme autant d'organes pour s'assimiler les sucs nourriciers, elle ne pourra que mourir de faim ; ayons donc recours à l'hygiène. Appliquons-nous à observer et à connaître les effets qui résultent de l'action des agents naturels sur les ceps de la vigne et à leur conserver leur action normale.

Je vous ai démontré comment, au moyen de fumigations faites en temps opportun et avec les matières indiquées, nous pourrions paralyser la propagation de l'insecte sur le sol et dans l'atmosphère ; voyons maintenant d'user du moyen pour l'atteindre sur les radicelles, s'il persiste à y résider, ou mieux de le repousser et de l'empêcher de les attaquer mortellement.

Mon procédé repose sur trois opérations liées intimement entre elles au double point de vue chimique et agricole : 1° opération de la taille de la vigne ; 2° opération agricole en vue de débarrasser les vignes de tous les insectes dévastateurs ; 3° enfin, emploi d'une matière soluble dans l'eau, contenant un principe astringent qui, combiné avec d'autres matières, devra repousser le Phylloxera vastatrix et mettre les radicelles de la vigne dans des conditions de résistance analogue à celle des cépages américains. Vous vous rappelez, Viticulteurs, que je vous ai dit que la nature les avait mis presque tous sous votre main ; oui, la Providence a placé le remède à côté du mal, maintenant ouvrez les yeux et les oreilles.

Ce 8 octobre 1876.

VII

1re Opération

TAILLE DE LA VIGNE

La taille de la vigne est peut-être, pour l'homme observateur attentif, l'opération la plus importante qu'exige la culture de cette plante. Avant de vous dire l'époque à laquelle nous devons tailler la vigne et les raisons qui nous obligent à le faire en vue de conserver la santé à nos vignobles, et de formuler mon avis au sujet de cette importante opération, je crois pouvoir me permettre une observation qui vous paraitra fondée.

Nous cherchons, en cultivant la vigne, quantité et qualité ; il n'en est pas *un* d'entre vous qui ne sache quelle quantité peut lui rendre sa vigne pour qu'elle lui donne aussi qualité. Mais s'il vous est possible d'augmenter le produit de vos vignobles, au moyen de travaux et de fumure, vous savez aussi qu'en dépassant une production moyenne, variant selon la nature du terrain où se trouve plantée la vigne, vos vignobles seront bientôt ruinés, et dès lors vous n'obtiendrez que des produits inférieurs. Je crois frapper juste en disant : que le Viticulteur compte toujours sur le renchérissement des vins pour compenser la perte qu'il pourra subir dans un temps plus ou moins éloigné.

Il est urgent, Viticulteurs, pour nous rendre bien raison des soins que nous allons donner à la vigne en vue de la maladie qui l'étouffe, d'étudier à grands traits la végétation naturelle de cet arbuste. Il possède la faculté de produire de nouvelles pousses sur le collet de ses racines, pouvant ainsi rajeunir le bois de sa charpente quand elle est épuisée ; vous avez déjà remarqué que son mode de végétation dépend de la culture qu'on lui donne dans les terrains et les climats qui doivent favoriser plus ou moins sa fertilité.

La vigne est un faible arbrisseau sans tige et sans appui ; soutenue, elle se développe bientôt en une tige vigoureuse et élancée. Ce sont ces deux manières de vivre qui doivent être notre guide dans la taille que nous pratiquerons.

La taille doit avoir de la proportion avec la qualité du bois et du terrain qui le nourrit. — On taille indistinctement tous les cépages dans les mêmes conditions pour chaque contrée où la vigne est cultivée. Cependant si la terre est maigre, le bois ne peut qu'être faible, alors on ne doit laisser que peu de boutons sur le bois de l'année pour que la séve, ne travaillant que sur ce petit nombre de bourgeons, puisse en retirer des jets un peu consistants ; au contraire, si la terre est forte et fertile, le cep ne peut qu'être fort et vigougoureux, on doit alors laisser sur le cep à fruit plus de boutons, afin d'affaiblir l'action de la séve ; par cette sage distribution, on empêche que la séve ne produise trop de nouveau bois.

Aujourd'hui, on est un peu revenu de ce vieux préjugé qu'avaient les vignerons de ne tailler la vigne qu'au printemps. Les soins nombreux dont on entoure la vigne et la crainte qu'on a de n'avoir pas fini avant le réveil de la nature sont sans doute la cause de cette taille un peu plus précoce. Il est très-important, dans l'état où se trouve aujourd'hui la vigne, de la tailler dès qu'on aura fait la cueillette de la récolte. Il m'a été permis dans mes excursions de constater que dans le mois de mars il y avait encore bien des vignes qui n'étaient pas taillées ; il m'est souvent arrivé de trouver des traces de mains inhabiles qui avaient manié le sécateur. Cependant on ne saurait assez surveiller cette opération, qui nous assure la récolte.

L'inconvénient qui résulte de cette taille tardive c'est que la séve, qui travaille dès le mois de mars, grossit d'abord, suivant les règles invariables qui lui ont été tracées par la nature, les boutons des extrémités qui sont justement ceux qui seront retranchés.

Il est tout naturel que, trouvant l'extrémité de ces conduits ouverte par la taille récente, la séve s'échappe, s'écoule en pleurs, jusqu'à l'époque où la chaleur du soleil la dessèche et en arrête la perte en cicatrisant la plaie. Nous éviterons cet inconvénient en faisant la taille de la vigne dès que nous aurons fini les vendanges ; à cette époque, elle nous sera un auxiliaire puissant dans le traitement que nous allons faire pour combattre le Phylloxera vastatrix ; *cette taille hâtive* de la vigne aura encore pour conséquence l'avantage que nous aurons de faire en temps convenable tous les travaux et donner un simple labour au retour de la végétation.

Votre étonnement ne me surprend pas, Viticulteurs, vous vous demandez le pourquoi de cette opération si hâtive. En voici la raison : quand vous avez fait la vendange et que le fruit a été cueilli à sa *parfaite maturité*, pour avoir un vin excellent, la vigne a rempli le rôle qui lui était assigné et l'inaction lui est nécessaire, attendu que la séve ne tarde pas à redescendre dans les racines et les radicelles, pour aller puiser encore dans la terre les éléments qui lui sont utiles pour nous donner de nouveau une récolte abondante si, par notre prévoyance, nous lui en avons préparé les moyens.

La vigne, comme toutes les plantes, vit des sucs qu'elle reçoit sous terre, par ses racines et par son chevelu, et encore des influences de l'air qu'elle respire par ses larges feuilles. La séve qui se trouve dans le corps de sa charpente et dans les radicelles suffit à son existence pendant l'époque de son sommeil. Or, si, en vue d'obtenir une abondante récolte, nous avons forcé son tempérament, et que par de larges fumures et des façons réitérées nous ayons obtenu une luxuriante végétation, il est évident que les éléments nutritifs qui ont été mis en terre par nos soins, ne sont pas entièrement absorbés et continuent encore pendant un certain temps toutes leurs actions fertilisantes ; la grande quantité de séve qui redescend dans les racines de cette riche végétation que nous avons obtenue, ne peut qu'être nuisible à la santé de la vigne ; de là provient en partie le peu de résistance du chevelu, qui est si sensible à la piqûre du terrible aphidien ; la séve qui s'écoule par les ouvertures faites par l'insecte, ces épanchements constituent les nodosités, qui ne tardent pas à devenir des boutons purulents ; les radicelles de l'arbuste se décomposent et tombent en pourriture, privées qu'elles sont de la séve qui, en revenant au chevelu, devait leur apporter, par sa circulation naturelle, tous les éléments nécessaires à leur existence ; dès lors, privées de ces organes essentiels, nos vignes ne tardent pas à jaunir et meurent d'inanition.

Je ne sais si vous partagerez mon opinion, mais la suite nous démontrera, de la manière la plus évidente, que si l'insecte dévastateur est coupable, il ne doit pas, du moins supporter toute la responsabilité de la mort de nos vignobles ; nous ferons cette démonstration quand nous parlerons des cépages américains.

Autant qu'il nous sera possible, Viticulteurs, donnons de l'air à nos vignobles, et ne perdons pas de vue que, pour obtenir une maturité parfaite et régulière, il est indispensable que la grappe reçoive directement les rayons solaires et, de plus, les rayons réfléchis par le sol ; la taille doit être un peu plus longue, par la raison que la couche d'air échauffée par la réflexion des rayons solaires est très-intense dans le Midi : d'après les calculs faits, elle atteint une épaisseur d'un mètre et plus, à partir du sol ; ces données doivent nous conduire pour tailler la vigne à la hauteur nécessaire, pour mettre les grappes dans des conditions exactes pour mûrir sûrement à *l'époque voulue*, et mettre nos vignobles à l'abri des inondations si fréquentes dans nos contrées ; nous éviterons par là, en grande partie, la pourriture du raisin et le goût de terroir qu'il contracte, alors qu'il séjourne sur le sol.

Passons maintenant à la seconde opération, qui est aussi indispensable ; elle ne sera pas moins importante pour le traitement que nous allons appliquer à nos vignes.

Ce 15 octobre 1876.

VIII

2me Opération

L'ÉCOBUAGE APPLIQUÉ A LA VIGNE

Le malheureux esprit de routine sera encore pour quelque temps contraire au progrès de la viticulture, comme aux autres branches de l'agriculture en général ; nous n'appliquons que difficilement toute innovation, parce que nous sommes encore trop ignorants. Nous repoussons d'abord toutes les améliorations, même celles qui nous sont le plus profitables, celles que la raison nous indique, et si nous consentons parfois à nous laisser convaincre, ce ne sera que par l'attrait des résultats surprenants qu'on nous promet à bref délai ; et, le plus souvent, ce ne sont que d'amères déceptions qu'il nous faut subir.

Notre bon villageois qui est atteint par l'insecte dévastateur voudrait un procédé expéditif sans trop de labeur ni bourse délier. Le croiriez-vous, Viticulteurs, vous dont l'intelligence m'encourage et me soutient, je me suis permis de lui indiquer la chimie comme susceptible d'ouvrir une large voie à nos intelligentes combinaisons, produisant des résultats susceptibles de nous étonner, par la richesse des éléments que la nature nous tient encore cachés.

Appliquons-nous donc à connaître et à écouter la nature : elle a des puissances infinies que nous pouvons faire servir à notre profit.

La deuxième opération que nous allons faire, consiste à brûler la terre ; l'écobuage a pour but de débarrasser nos vignobles des mauvaises herbes, de toutes les racines inutiles et de tous les petits insectes qui se trouvent cachés ordinairement à une profondeur de cinq à huit centimètres dans le sol ou bien sur les herbes parasites ; il ameublit le sol et en change parfois la nature.

Cette opération consiste dans l'enlèvement d'une épaisseur de terre avec les gazons et les mauvaises herbes, dans des conditions déjà déterminées, sans secouer les racines, on laisse sécher ces motes, et quelques jours après on les brûle. Le résultat que nous en obtiendrons, sera de débarrasser le collet de la charpente de nos souches des insectes qui se cachent dans les vides de l'écorce, de leurs œufs et de leurs larves, en éloignant, par l'odeur particulière, la multiplication ou les ravages de tous ces êtres nuisibles et insaisissables. La chaleur des cendres que nous aurons obtenues, répandues en temps convenable au pied de la souche, sera un auxiliaire des plus puissants de destruction. L'écobuage modifiera non-seulement, d'une manière favorable, la disposition moléculaire et les propriétés physiques du sol, mais il doit encore, tout en portant sa part de puissance fertilisante comme engrais, corriger les substances employées avec trop d'abondance depuis quelques années ; il doit désormais suppléer, pendant une *période déterminée*, tout fumage de nos vignes et, en partie, les labours dans la pratique.

Amender, fumer et labourer, voilà les trois pivots sur lesquels repose toute bonne culture ; avec ces trois conditions, tout cultivateur ou viticulteur peut certainement obtenir des résultats rémunérateurs et réussir selon toutes ses espérances ; mais il ne saurait en abuser, car toute chose a *son mais*, et faut-il encore ne point négliger les opérations de détail, si nous ne voulons pas être déçus dans nos espérances. Avouons-le, Viticulteurs, nous avons abusé des engrais et des labours dans nos vignobles, nous avons gravement compromis la santé de la vigne, alors que nous ne l'avons pas tuée.

L'objection que vous me faites semble tout d'abord fondée. — Vous dites qu'on ne procède ainsi que sur les terres qui ont été depuis plus ou moins longtemps cultivées en fourrages artificiels vivaces, les vieilles prairies, les pâtures et les marais nouvellement desséchés? Vos vignes sont dans un tel état de propreté qu'il est impossible de trouver une motte d'herbe dans vos vignobles? Je ne me souviens plus du nom de cet homme aussi savant que profond qui n'hésitait pas à dire : « que le mot *impossible* était une grande imprudence en dehors des *sciences exactes.* »

Pour ma part, j'ai vu beaucoup de vignes qui laissent à désirer au point de vue de l'hygiène. Les cultures superficielles devront donc entretenir la propreté dans les terrains où il nous sera permis d'en faire l'application, et nous aurons recours à l'écobuage pour obtenir presque les mêmes résultats dans les terrains qui en seront susceptibles.

Puisque nous sommes dans votre vigne, *Pierre*, vous qui faites cette objection, commençons par enlever avec la bêche ou écobue, les gazons et les mauvaises herbes qui entourent votre vigne, et celles surtout qui croissent, suivant leur volonté, dans les fossés tout le long du chemin, à une épaisseur de cinq à huit centimètres. Quand ces dernières se seront un peu desséchées, nous les transporterons dans la vigne, disposant sur le sol, de distance en distance, de petits fagots de sarments que nous a déjà donnés la taille *hâtive* de la vigne, et, s'il nous est possible, nous y mêlerons en partie des branches de sapin ou de tout autre arbre résineux. Avec le râteau, ramenons sur ces petits tas de bois les herbes longues que nous avons déjà arrachées, et que votre négligence avait laissé croître par-ci par-là, et formons avec ces espèces de lanières, que nous avons transportées des bords et des fossés, de nouveaux fourneaux ; à mesure que le feu prendra de la force, nous augmenterons le tas qui brûle déjà, en y ajoutant sans cesse de la terre, prise autour de la souche, ce qui rendra l'opération du brûlage plus lente et, dès lors, plus profitable. Je vous engagerai même, si vous aviez de vieux chiffons ou de vieux cordages, à en alimenter ces fourneaux.

Vous me demandez pourquoi je prends de préférence la terre qui est autour de la souche, et non pas celle de l'endroit où est placé le fourneau. La raison en est bien simple : c'est pour utiliser le soufre qui est tombé lors de l'opération du soufrage. Ici, je n'entre pas dans des détails, vous trouverez mes explications dans l'*Indicateur du viticulteur*, qui paraîtra sous peu (1).

Quand tout aura été entièrement brûlé, une active vigilance est encore nécessaire ; il faut bien se garder de laisser refroidir les tas de cendres obtenues ; immédiatement, on répand avec la pelle le résidu encore chaud au pied de la souche, pour combler les petits creux que nous y avons faits, à une profondeur de 10 centimètres à 20 centimètres environ, en ayant soin de laisser tomber sur la charpente de la souche une partie de ce résidu.

Les résultats de cette seconde opération auront pour effet d'atteindre les Phylloxeras qui ne sont pas encore descendus aux radicelles, et de détruire, en même temps, les œufs d'hiver ; les œufs et les larves des autres insectes dévastateurs subiront, n'en doutez pas, le même sort. Quand vous vous serez rendu compte de l'opération que vous venez de faire autour de vos vignes et le long des fossés, vous aurez la conviction de vous être débarrassés, en grande partie, de ces redoutables ennemis, car c'est là le repaire des insectes nuisibles et la demeure toujours habitée par les limaces et les escargots. Votre vigne sera dès lors dans un état remarquable de propreté.

J'avoue très-volontiers, Viticulteurs, qu'il y a plus de travail à toutes ces opérations que dans la méthode

---

(1) Voir la 2ᵉ partie intitulée : *Les Cépages américains et le Viticulteur*.

négligée qu'on suit ordinairement, mais aussi l'avantage est proportionné et dédommage amplement. Ne l'ignorez pas, de la distribution du temps et du travail, dépend surtout le bon emploi de nos finances.

Comme vous pourriez encore me faire une autre objection, je prends le devant. — Vous dites qu'il sera très-difficile d'établir les fourneaux d'une manière uniforme et sans s'exposer peut-être à communiquer le feu à certaines souches, vu que les sarments étant parfois fort longs, l'opération devient très-pénible.

Voici comment on procède : quand on veut construire les fourneaux, il faut d'abord avoir fait une opération préparatoire, si on n'a pas un personnel suffisant pour faire tout à la fois.

Une femme ou un enfant ramasse les sarments, qu'on laisse réunis sur le sol par petites poignées ; à la suite vient un ouvrier qui, armé d'une petite hâche bien tranchante, fait suivre un billot qu'il peut facilement manier, d'une hauteur de 0,50 centim. à 0,75 centim.; l'ouvrier prend donc au fur et à mesure les sarments, et d'un coup de hâche, les partage par le milieu et les laisse tomber à terre ; un autre ouvrier, homme, femme ou enfant, vient derrière lui, et commence l'échafaudage des fourneaux avec ces débris. Il faut voir combien est expéditive cette manière de procéder.

Arrivons donc à la troisième et dernière opération de notre procédé ; il me semble qu'elle vous intéresse encore plus, puisqu'elle doit donner à nos cépagne une résistance presque égale à celle des cépages américains. Je ne tarderai pas à satisfaire votre curiosité.

Ce 29 octobre 1876.

IX

3me Opération

SPÉCIFIQUE APPLIQUÉ SUR LES RADICELLES DE LA VIGNE:
TANNIN, PROTOXYDE DE FER, CHAUX FUSÉE

(Combinaison chimique.)

Est-il vrai, Viticulteurs, que notre suprême fonction ici-bas est le travail? Cette grande vérité, qui se vérifie chaque jour pour l'homme, est aussi applicable aux plantes, car elles travaillent comme nous, et leur labeur n'est pas moins pénible que le nôtre, afin de se reproduire et nous donner les fleurs et les fruits. Nous en verrons les effets à la troisième opération à laquelle nous allons procéder sur nos vignobles, en vue de repousser le Phylloxera vastatrix de nos cépages, et qui devra être mortelle pour ce parasite, s'il persiste à s'acharner sur la vigne.

Ce n'est pas une théorie que ce système, comme plusieurs d'entre vous peuvent le croire, mais une inspiration raisonnée, vérifiée sur l'ensemble de ce grave et profond problème, qui repose sur des faits certains; notre procédé est pratique, puisqu'il nous est permis de l'appliquer méthodiquement, avec précision, graduellement et d'une manière certaine, sans compromettre l'existence chancelante du sujet que nous aurons à traiter. Les cépages américains les plus résistants à l'insecte destructeur seraient, nous dit-on : les Clinton, Concord, Taylor, Herbemont, Norton's Virginia, Cunningham, Lenoir, Jacquez, Mustang, Scupernong, etc., etc.

Avant de procéder à notre opération, posons les termes de ce problème complexe : Pourquoi les cépages européens sont-ils moins résistants ? Comment se fait-il que les cépages exotiques soient frappés de mort, non-seulement en Amérique, mais encore sous l'ancien continent et sous notre ciel si clément du Midi ? — Pourquoi les américains ne tiennent-ils aucun compte des ravages faits par l'insecte, et replantent-ils les vignes détruites, sans préoccupation aucune de l'existence du puceron ? Comment l'insecte vit-il sur certains cépages sans en altérer la végétation ? — La mort des cépages américains doit-elle être attribuée uniquement au Phylloxera vastatrix ?

La question tend à s'élargir et nous entraîne, malgré nous, vers ce lointain pays où se tournent des *regards intéressés*, pleins d'espoir d'un *bénéfice assuré*, vers ces contrées fortunées qui doivent nous procurer le salut de nos vignobles, à la condition que nos vignes soient désormais à demi-sauvages ; nos cépages seraient trop civilisés, c'est-à-dire trop bons, pour trouver là-bas une existence de longue durée.

Ces questions, qui sont autant de faits acquis et dont il ne nous a pas encore été donné la solution, méritent vos plus sérieuses méditations, et, le moment venu, Viticulteurs, nous ferons en sorte d'en dégager toute la vérité.

Par la taille de la vigne et l'écobuage que nous avons déjà pratiqués sur nos vignobles, nous avons déjà obtenu une large part de bons résultats pour nous débarrasser de cet ennemi redoutable, ainsi que des œufs et des larves des autres insectes nuisibles. Maintenant, afin de les atteindre au sein de la terre, sur les radicelles, voici comment nous devons procéder :

Il nous faut d'abord, à une distance de 0 m. 60 à 0 m. 70 environ, tracer une circonférence dont le pied de la souche sera le centre, enlever toute la terre en suivant cette circonférence, jusqu'à la profondeur où nous avons atteint la première couronne des racines ;

la terre devra être rejetée tout autour de cette circonférence, et on ne devra procéder que par intervalle de rangées, afin d'éviter l'encombrement.

Nous devons admettre que nous sommes en présence d'une vigne d'un certain âge, car une vigne plantée depuis peu d'années, vous le savez, n'a encore qu'un simple chevelu, s'il a été procédé à sa plantation par bouture. On comprend, sans efforts, que cette opération sera donc relative à l'âge du vignoble, subordonnée aux conditions d'espacement et de la plus ou moins grande végétation de l'espèce, selon les terrains fertiles où elle est plantée. Il nous faut toujours arriver à mettre à découvert la première couronne qui supporte la charpente de la souche. Ces premières racines devront nous servir de conducteur pour l'application de notre procédé ; la nature nous aidant, notre spécifique ira jusques sur les plus petites radicelles, ayant l'eau pour véhicule.

Toutes les plantes qui contiennent du tannin, Viticulteurs, sont employées ordinairement comme substances astringentes ; je ne sache que le *tannin isolé* ait été indiqué dans la question qui nous occupe. Cette matière, qui forme un élément de notre spécifique, nous est largement donnée par la nature, elle est à notre portée et pour ainsi dire sous la main, puisque nous pouvons l'obtenir du chêne ordinaire, d'une seconde espèce qu'on appelle *rouvre* et plus abondamment encore de l'espèce qu'on appelle vulgairement *chêne vert*.

Le sumac, qui croît en abondance dans le pays des Vosges et dans d'autres lieux pierreux, peut aussi, par le concours de ses feuilles, de son écorce et de son fruit, cueilli avant sa maturité, être pour nous un auxiliaire puissant de destruction du puceron dévastateur, ou du moins en atténuer les funestes effets, en donnant en partie à nos cépages des qualités d'une résistance relative.

Si nous recherchions, Viticulteurs, quelle peut être

la cause de la résistance de certains cépages américains aux attaques de cet insecte insaisissable, il nous serait permis d'en déduire cette vérité : que cette résistance dépend beaucoup de la nature physique du sol, des lieux de leur provenance et du milieu où chaque espèce vit et végète. Le moment n'est pas venu d'entrer dans les développements où nous entraînerait cette solution complexe. Il est à remarquer surtout qu'indépendamment de la quantité de tannin qu'il renferme, cet arbuste, qu'on appelle aussi *Rhus Toxicodendron*, possède encore des qualités délétères qu'il nous serait permis d'utiliser.

Les divers peuples d'Amérique redoutent tellement les pernicieuses influences de ce végétal qu'ils l'ont taxé de poison.

Il n'est pas rare, en Amérique, Viticulteurs, de constater un nombre infini de végétaux à émanations délétères qui vivent côte à côte avec la vigne. Dans ce nouveau continent, la nature n'est encore qu'à *demi-civilisée*. Le seul contact de cette plante produit des effets vésicants très-remarquables sur l'épiderme, ce qui nous explique en partie la résistance des cépages exotiques et le peu d'abondance du parasite dans certaines contrées et sur certaines plantes.

Le tannin est donc une substance à principe astringent ; nous pouvons le recueillir sur les différentes espèces de chêne, mais encore sur d'autres plantes, puisqu'il est un des matériaux immédiats des végétaux.

Comme moi, vous devez soupirer après le moment où il nous sera permis de jouir des grands avantages que nous procurera cette belle conception : le canal d'irrigation du Rhône, apportant à notre Midi la richesse et l'avenir de nos diverses cultures ; non que je fonde beaucoup d'espoir sur les effets de la submersion, car les décevantes applications de la submersion de la vigne m'ont démontré que c'est la faire vivre dans un milieu qui n'est pas le sien, mais bien parce qu'il nous apporterait sur tout son parcours le véhicule nécessaire pour notre procédé, tout en nous permettant d'utiliser des terrains qui nous donneraient autant de revenus que la vigne, sans être exposés aux mêmes fléaux ; nous y trouverions encore de réels avantages au point de vue de l'hygiène.

En attendant l'exécution de ce canal, hâtons-nous, Viticulteurs, d'avoir recours à ce qu'il nous est actuellement permis d'utiliser ; sans l'eau, tout mode de traitement deviendrait inutile, et pour que notre procédé puisse être appliqué dans des conditions qui nous assurent des résultats légitimes, nous devons encore avoir recours à la nature, en utilisant les quantités d'eau qui seront à notre disposition, et bénéficier des époques où cette *bonne mère* semble en être prodigue à notre égard.

Voyons dans quelles proportions nous devons en user.

Ce 19 novembre 1876.

X

Voilà donc, Viticulteurs, nos deux premières opérations faites avec méthode : les premières couronnes des souches de notre vigne sont déjà à découvert ; arrivés à ce résultat, vous pouvez vous rendre compte de vos travaux et de vos débours. Nous verrons plus tard quel sera le chiffre de vos dépenses supplémentaires.

Vous ne vous doutez pas, Viticulteurs du Midi, que la propagande et la réclame sont allées jusqu'à dire que le Clinton, cépage américain, donnait un vin qui pouvait être comparé aux meilleurs vins de Narbonne ? Eh bien ! je n'hésite pas à le dire, ceux qui ont écrit cela, croyez-le, n'ont ni de bons yeux ni un palais délicat. Ce n'est pas le moment de combattre de pareilles réclames. Je me propose, Viticulteurs, de vous faire connaître les divers cépages américains préconisés, et cela sous la rubrique : « le Viticulteur et les Cépages américains ; » vous pourrez alors choisir en connaissance de cause.

Comme il vous serait très-difficile de vous procurer le tannin isolé, sans avoir recours à l'industrie et au commerce, où, depuis quelque temps, la fraude se glisse sous toutes les formes, il sera prudent que vous fassiez tout par vous-mêmes, pour obtenir des résultats décisifs.

Prenez 500 grammes environ de tan, c'est-à-dire d'écorce de chêne réduite en poudre, ce qu'il vous sera facile de faire avec un mortier ou sous la pression d'une meule, comme font les tanneurs, et saupoudrez-en les radicelles et les racines de la couronne qui est à découvert ; recouvrez cette première couche d'une petite quantité de terre, soit avec la main, soit avec le concours d'une truelle ; par dessus, répandez 250 grammes environ de chaux fusée, c'est-à-dire de la chaux que vous aurez laissée longtemps à l'air sans l'éteindre, dont toutes les parties ignées se seront évaporées peu-à-peu, et réduite en poudre très-menue.

Cette petite opération terminée, vous recouvrez encore avec une petite quantité de terre et vous arrosez avec *cinq litres* d'eau environ, pour maintenir une humidité continue pendant quelques jours, afin que le tannin puisse communiquer aux radicelles et aux molécules de terre qui les environnent, les effets astringents qui lui sont propres ; vous n'avez qu'à niveler le terrain, en ramenant avec la bêche ou le râteau la terre au pied de la souche.

Notez, Viticulteurs, que l'eau dont vous venez de vous servir n'est point de l'eau ordinaire, c'est de l'eau ferrugineuse oxydulée, obtenue avec du fer rouillé que vous aviez mis dans un cuvier à macérer pendant *quatre jours au moins*, et cela dans la proportion de 50 kilogrammes de fer par 250 litres d'eau, en ayant le soin de le remuer une fois par jour.

Cette troisième et dernière opération doit se faire à l'époque où les pluies sont fréquentes, car la prudence exige que vous ayez toujours en réserve une quantité d'écorce de chêne en macération dans un cuvier ou un tonneau défoncé, afin de pouvoir donner à la souche un second arrosage, s'il restait trop longtemps à pleuvoir après que vous aurez fait l'opération. Vous le voyez, il n'y a aucun inconvénient à faire la préparation au milieu de vos vignobles.

Le système, Viticulteurs, ne peut être ni plus simple, ni moins dispendieux, ni plus pratique, et je me hâte de dire que vous avez tout ce qui est nécessaire à son application : dans les petites propriétés, vos celliers sont suffisamment pourvus de cuviers, tonneaux, comportes, arrosoirs et de tous les outils nécessaires et indispensables ; au besoin, vos pompes à soutirage pourraient, dans une certaine mesure, être utilisées pour les propriétés d'une assez grande contenance de terrain ; dans tous les cas, je vous indique la nouvelle pompe rotative, à double usage pour l'arrosage, de MM. Moret et Broquet.

Recherchons ensemble, Viticulteurs, les effets qui vont être produits par cette dernière opération, en vue de la destruction de l'insecte insaisissable.

L'écorce du chêne, ainsi que celle des autres arbres ou végétaux qui contiennent du tannin, nous est indispensable pour atteindre notre but ; vous n'ignorez pas que les écorces des arbres sont la partie qui contient le plus de sel et d'huile. Cette abondance de sel et d'huile essentielle se manifeste par les effets réalisés dans les opérations de la tannerie et dans la science médicale ; notre opération a donc pour but d'affermir le bois des racines, tout en leur conservant la souplesse nécessaire pour leur végétation normale.

Ce 26 novembre 1876.

XI

Le sel, Viticulteurs, qui pénètrera de toute part, fortifiera le chevelu et l'empêchera de se corrompre ; l'huile, qui doit nécessairement s'insinuer partout, l'assouplira, le disposera aussi, ainsi que les racines, à se prêter à tous les mouvements imprimés par la séve ; mais elle fera plus : elle rendra encore le chevelu et les radicelles impénétrables à l'eau, qui ne peut que précipiter la pourriture des filaments, conservant surtout ses effets astringents et caustiques pour repousser le Phylloxera et corroder les œufs déposés, qui ne peuvent dès lors éclore.

La chaux fusée employée à petites doses, absorbant l'acide carbonique de l'air, devient encore un des agents les plus fécondants de la végétation ; cette matière, que l'eau surtout rend molle et obéissante ; cette menue poussière répandue sur la première couronne de la souche devra s'insinuer dans les blessures des radicelles, entraînée qu'elle sera par l'élément qui doit lui servir de véhicule, y pénétrer et les préserver des attaques de l'insecte dévastateur.

L'eau ferrugineuse oxydulée contenant une espèce d'acide ayant une qualité rude, piquante et désagréable, qui sera communiquée aux radicelles de la vigne, le terrible aphidien sera dès lors réduit à l'impuissance, et ne pourra perforer les radicelles et les racines, puisqu'il trouvera une résistance et que son odorat ne pourra plus découvrir les matières sucrées dont il se nourrit sur la vigne, comme sur les autres végétaux.

Par cette combinaison, Viticulteurs, ce redoutable ennemi se verra réduit à l'impuissance et à la famine, ne trouvant plus sa nourriture de prédilection, qui était la séve douce et sucrée de la vigne ; s'il ne déserte bientôt, un séjour prolongé lui sera funeste, par la raison que les principes corrosifs du spécifique ne tarderont pas à frapper de paralysie ses membres délicats et microscopiques.

Notre tâche de destruction sera bienp lus facile pour reconstituer les vignobles détruits par l'insecte insaisissable. Il suffit de faire tremper pendant une quinzaine de jours, dans de l'eau de tannin, dédoublée avec de l'eau naturelle, les boutures que vous voudrez planter.

Il faut au préalable, Viticulteurs, procéder à l'écobuage du terrain que l'on veut convertir en vignoble et verser dans des trous faits à une profondeur de 30 à 35 centimètres, à l'endroit où doit être placée la bouture, deux litres d'eau de tannin, mélangée avec une égale quantité d'eau ferrugineuse oxydulée ; quelques jours plus tard, on pique la bouture par le plus gros bout, où l'on a eu le soin, quand c'est possible, lors de la taille, de laisser quelques centimètres du vieux bois de deux ans.. Dans ces conditions, l'insecte dévastateur ne saurait s'en approcher, et s'il y séjourne, ce ne sera que d'une manière presque inoffensive ; il ne reste qu'à combler la cavité et comprimer la terre avec le pied.

C'est sur ces *principes certains* que repose la résistance des cépages américains, comme nous aurons occasion de le démontrer ; l'âcreté de leur bois vous dira assez la quantité de sucre qu'on peut y recueillir. Aussi, ceux qui préconisent ces cépages exotiques, peu sûrs d'eux-mêmes, vous disent : « Viticulteurs,
» d'une manière générale, il ne faut donc pas songer
» à substituer sur une grande échelle la culture des
» *cépages américains* à celle de nos vignes françai-
» ses. »

Ce passage, Viticulteurs, est digne de votre plus sérieuse attention, et j'espère que vous en ferez vos profits. — De deux choses l'une, ou les cépages américains seront notre planche de salut, ou ils seront notre ruine dans un temps plus ou moins éloigné ?

Pour ma part, je frémis au seul nom de cépages américains, par la crainte de voir augmenter le nombre des insectes dévastateurs venus du nouveau continent. — N'avons-nous pas à redouter encore que ces cépages exotiques ne nous gratifient aussi de ce terrible insecte, le *Doryphora decemlineata*, qui ronge la pomme de terre avec autant d'avidité que le Phylloxera dévore la vigne ? Si nous sommes condamnés à voir disparaître nos vignobles, que nous ayons au moins, Viticulteurs, des pommes de terre, ce tubercule étant le pain quotidien du pauvre ouvrier et de nos familles !

Courage donc, Viticulteurs et Vignerons intelligents ! n'hésitons pas un seul moment à nous mettre à l'œuvre avec confiance et à appliquer le remède sur une vaste échelle.

Nos vignobles de l'Hérault sont gravement atteints, ceux de l'Aude sont menacés, déjà on y signale des points d'attaque ; le spécifique est non-seulement curatif, mais encore préventif et fertilisant. Tout notre Midi y trouvera, croyez-le, le moyen de pouvoir reconstituer les vignobles détruits et cruellement atteints.

Il sera répondu immédiatement à toute lettre demandant des renseignements en vue de l'application de mon système ; les lettres non affranchies seront rigoureusement refusées, et il ne sera répondu qu'à celles qui renfermeront un timbre-poste *pour la réponse*, c'est le moins que je puisse exiger !

Ce 3 décembre 1876.

XII

Viticulteurs, ceux d'entre vous qui désireraient me voir prendre la direction des opérations et les surveiller dans leurs vignobles, me trouveront toujours disposé à leur être agréable, dans la mesure où il me sera possible de me multiplier, sans avoir *à me payer aucune indemnité*, si ce n'est les frais de déplacement, pour me rendre à *destination et retour*. Je puis procurer à ceux qui en feront la demande *un personnel* de dix à douze *ouvriers*, initiés aux divers travaux nécessités par l'application de mon procédé et dont le prix de la journée est fixé à *cinq francs* et huit heures de travail ; les ouvriers seront logés et nourris seulement le soir.

Plusieurs d'entre vous disent : Mais, puisque vous êtes si convaincu de l'efficacité de votre système de traitement, pourquoi ne faites-vous pas les démarches nécessaires pour obtenir un brevet d'invention, afin de pouvoir, au besoin, vous en assurer la propriété, en vue du concours ouvert par l'Assemblée nationale pour la prime de *trois cent mille francs ?*

Laissez-moi vous dire en deux mots, Viticulteurs, que j'ai des raisons pour agir ainsi.

Si comme moi vous aviez vu, si comme moi vous aviez sondé les profondeurs de ce désastre, vous n'auriez comme moi jamais pensé à cette prime. Un modeste *instituteur éprouvé* n'a pas assez à compter sur les influences pour mener à bonne fin des démarches fructueuses, afin de mettre la main sur une prime si convoitée, quel que soit son labeur.

Quand j'aurai un certificat de vous tous, Viticulteurs et Vignerons intelligents, alors je demanderai mon brevet d'invention, parce que ce sera l'expression de vos suffrages, et cela avec garantie de la République; il me suffit de mettre à votre disposition mon procédé et ma bonne volonté, pour subir l'épreuve de votre intelligence et de vos connaissances pratiques, l'avenir fera le reste. Je serai très-heureux d'être copié et écouté : la satisfaction que procure la conviction d'un devoir accompli est la meilleure récompense de l'homme qui a l'estime de soi-même.

Pour moi, je promets et vous assure dans vos vignobles les feuilles et les fleurs ; mais il appartient à la *Providence seule* de nous donner les fruits !

Mon système n'échappera ni à la jalousie ni à la critique des hommes envieux qui s'occupent de ce grave problème, non plus qu'à celle des ignorants, ni à l'indifférence des routiniers et des égoïstes ; peu m'importe qu'on me taxe de *prétentieux ou de fou*. Croyez-le, Viticulteurs, la réplique ne se fera pas attendre, et vous serez les juges de nos dires et de nos résultats.

> « *Omne tulit punctum qui miscuit utile dulci ;*
> *Lectorem delectando pariterque monendo.* »
> (HORACE.)

Celui-là aura atteint le but qui saura joindre l'utile à l'agréable, en amusant le Viticulteur et l'instruisant en même temps.

C. BASTIDE,
Instituteur communal.

1878

APPENDICE

N° 1

Avril 1878.

En ajoutant à cette nouvelle édition de l'*Indicateur pratique*, tiré à *deux mille* exemplaires, les pièces qui suivent, je n'ai pas voulu m'attirer de nouveaux compliments, parfois trop flatteurs, mais j'ai voulu simplement constater par des faits établis, Viticulteurs, combien j'ai pris à cœur, depuis quelques années, une question si simple et qu'on a exploitée ; grâce à la lumière qui s'est faite, chaque viticulteur sent la nécessité de compléter la solution du problème par l'application de procédés pratiques et réalisés en vue des intérêts de la viticulture.

S'il est un désir qu'il me soit permis d'exprimer, c'est que la viticulture entre dans le domaine de la pédagogie, et dès lors les notions les plus sûres ne seront que l'expression de l'autorité qui doit enseigner sans intérêt et sans spéculation. Depuis que l'enseignement de l'agriculture est devenu obligatoire pour les écoles des campagnes, il est constant que les maîtres donnent leur soin à cette spécialité, si utile aux populations rurales. Les enfants de nos campagnes sauront, par là, comment la vigne se cultive ; ils apprendront à connaître aussi les soins qu'elle réclame, en vue de repousser le Phylloxera. Avec l'essor qu'a pris l'enseignement primaire, on trouve, en majeure partie, non-seulement des maîtres expérimentés et consciencieux, et on ne saurait leur contester, aussi et surtout, qu'ils ne soient des hommes pratiques, puisqu'on leur apprend à connaître les champs et l'école. C'est là un progrès réel, et c'est à l'école seule qu'il est permis que l'esprit et le cœur soient reportés sur tout ce qui concerne la vie rurale ; en faisant aimer les champs et les vignes, on fait aimer aussi la vertu.

Chacun, en ayant connaissance de cette partie de ma nombreuse correspondance avec les viticulteurs et que je ne puis ajouter en entier, par des raisons faciles à déduire, pourra donc s'adresser à des viticulteurs expérimentés ou désintéressés, pour avoir leur opinion sur ce procédé et connaître les résultats qu'ils en ont obtenus, puisqu'ils l'ont mis en pratique.

Jamais on n'a été trompé quand on s'adresse aux honnêtes gens ; déjà de nombreuses correspondances attestent la satisfaction complète des viticulteurs qui ont connaissance de ce procédé ; pour ma part, j'ai fait humainement tout ce qu'il est permis de faire pour le propager et avoir la protection naturelle de ceux qui disent avoir les exploitations et le pouvoir pour servir les intérêts généraux, par leur gouvernement.

Cet Appendice démontrera à tout viticulteur, jaloux de ses intérêts, quels ont été mes démarches et mes sacrifices pour son propre intérêt, qui est aussi celui du pays. Mon passé lui sera le plus sûr garant de mon dévouement pour l'avenir, et c'est de nos efforts que doit sortir la solution de ce problème, qui n'a rien d'insolite dans les données qui ont pour base la nature.

C. B.

N° 2

CHEMIN DE FER DU MIDI

Exploitation 19426
1re subdivision
C. N° 7294

Narbonne, le 22 août 1876.

SECRÉTARIAT

Monsieur C. Bastide, au Somail, près Narbonne (Aude)

J'ai l'honneur de vous accuser réception de votre lettre du 1er août qui m'est parvenue le 3 (1), et de vous informer qu'il serait contraire aux règlements de vous accorder la faveur que vous avez demandée de voyager gratuitement sur la ligne du Midi. M. le Directeur de l'exploitation, à qui votre demande a été transmise, n'a pu, par conséquent, y donner suite.

Recevez, Monsieur, l'assurance de ma considération distinguée.

Le Chef de gare

(signature illisible.)

---

(1) Nous avions demandé cette faveur pour nous rendre auprès des Viticulteurs qui désireraient nous voir diriger l'application du système.

On le reconnaîtra, les compagnies de chemins de fer sont aussi intéressées que les Viticulteurs à la solution du problème, et les sacrifices que nous demandions à la Compagnie du Midi sont loin de ceux que nous nous imposons dans un intérêt général. Les exigences et les rigueurs des règlements devraient tomber pour seconder la bonne volonté de ceux qui se dévouent au bien public, alors qu'il est établi que de telles faveurs ne sont point pour servir les intérêts individuels, mais bien pour faciliter la solution de ce désastreux problème.

N° 3

Journal l'Union Républicaine *de Béziers, du 3 août 1877.*

Nous recevons la lettre suivante, que nous nous empressons d'insérer :

Sauvian, ce 30 juillet 1877.

A Monsieur le Directeur du journal l'Union Républicaine *de Béziers.*

Monsieur le Directeur,

Je viens de lire un opuscule intitulé : « L'Indicateur pratique du Viticulteur, ou le nouveau système de traitement pour le Phylloxera. » Il serait difficile de comprendre mieux que ne l'a fait l'auteur, les besoins, les exigences et la popularité d'un bon guide pour le Viticulteur.

En présence du terrible fléau dont notre vignoble est menacé, son système de traitement s'adapte parfaitement aux travaux journaliers de la vigne. C'est là une heureuse idée qui a créé un livre nouveau, et, à ce titre seul, il peut, en excitant la curiosité du Viticulteur, amener une heureuse révolution dans l'art, jusqu'ici très-difficile, de traiter les vignes atteintes ou de les préserver du mal.

Ce travail mérite sous tous les rapports l'épithète de *méthodique*, aussi est-ce avec un vrai plaisir que je signale à vos nombreux lecteurs le travail de M. Bastide.

Cet opuscule, résultat d'une étude approfondie de la question, traitée en un double point de vue, range ce modeste instituteur sous la bannière de l'*école pratique*. Les Viticulteurs clairvoyants y trouveront, comme moi, l'inappréciable avantage d'éviter une grande perte de temps, des hésitations et des tâtonnements inutiles, qui compromettent toujours, sans résultat aucun, les intérêts du Viticulteur.

À tous ces titres, mon impartialité me fait un devoir de lui exprimer toute ma reconnaissance pour l'espoir qu'il a su inspirer aux Viticulteurs. C'est un acte de vrai courage que de traiter cette complexe et redoutable question ; aussi, pour ma part, je n'hésite pas à lui donner l'assurance que la reconnaissance des hommes vraiment dévoués au bien public ne lui fera pas défaut ; car la simplicité et la clarté de ses explications sont à la portée de tout le monde ; il aura la satisfaction de voir son opuscule dans la main du plus riche comme du plus pauvre des Viticulteurs.

Je vous serai infiniment reconnaissant, Monsieur le Directeur, si vous daignez donner l'hospitalité, dans les colonnes de votre estimable journal, à ma reconnaissance, pour que M. Bastide sache que les Viticulteurs apprécient son travail et comprennent son désintéressement.

Agréez, Monsieur le Directeur, avec toute ma gratitude, l'expression des sentiments dévoués d'un de vos lecteurs assidus.

G. BERTRAND.

N° 4

MINISTÈRE
de l'Intérieur

CABINET
du Sous-Secrétaire d'État

Paris, le 3 août 1877.

Mon cher Instituteur,

J'ai lu avec beaucoup d'intérêt votre ouvrage sur la viticulture, et je m'empresse de vous informer que, suivant votre désir, je vais faire des démarches auprès de M. le Ministre de l'Instruction publique, en vue d'obtenir l'admission de ce livre utile dans les blibliothèques scolaires.

Je me féliciterais si mon concours pouvait amener un résultat conforme à vos vœux.

Recevez, mon cher Instituteur, l'assurance de mes sentiments dévoués.

Baron REILLE, *signé*.

N° 5

N° du journal *l'Union Républicaine* de Béziers, du 11 septembre 1877.

A *Monsieur le Directeur du journal l'*Union Républicaine de Béziers *(Hérault)*.

Sauvian, le 8 septembre 1877.

Monsieur le Directeur,

Auteur d'un opuscule traitant du Phylloxera, vous avez bien voulu ouvrir les colonnes de votre journal du 3 août dernier, à une appréciation faite de mon travail, par un *viticulteur pratique*, dont l'intelligence a su se créer une considération que je suis heureux de partager. M. Bertrand fils, tout en faisant ressortir ce qui peut distinguer mon système des *systèmes préconisés* jusqu'à ce jour pour repousser l'insecte dévastateur, et non le détruire entièrement, a cru devoir me décerner des éloges dont mon humilité ne saurait que rougir, et s'il existe un mérite, ce mérite rejaillit sur son intelligence, qui a été d'accord avec la raison.

Au temps où nous vivons, Monsieur le Directeur, ce ne sont pas les inventeurs de procédés qui font défaut, et malheureusement les divers systèmes déjà appliqués ont eu pour fâcheuse conséquence de rendre le viticulteur insensible, incrédule, à tel point qu'il ne veut et ne peut distinguer le système n'ayant qu'en vue la spéculation du système inspiré par des sentiments philanthropiques. Il faut le dire sans détour : Le viticulteur craint toujours d'être exploité ! — Les résultats obtenus semblent lui donner raison.

Pour ma part, je crois encore remplir un dernier devoir, dans cette grave question, question de vie ou de mort pour le pays, en venant lui certifier que j'ai constaté le Phylloxera, il y a quelques jours à *Cers*, dans une vigne dite *Lagrimodette*, plantier de 4 ans, sur le chemin de Caylus, appartenant à M. Sabatier.

Jeudi dernier, je le constatais malheureusement encore à Lespignan, au ténement dit de *Saint-Aubin*, sur une vigne âgée de 15 ans, appartenant à M. Martin Jacques, propriétaire à Lespignan, accompagné des autorités locales et de plusieurs personnes notables de la localité ; et ici, le point d'attaque signalé semble vouloir prendre des proportions qui ne peuvent qu'être alarmantes pour les vignobles de ces contrées, car le terrible Aphidien réside sur des vignes environnantes qui sont chargées d'une assez belle récolte.

Si l'insecte destructeur est constaté à Murviel, à Servian, à Cazouls-lez-Béziers, à Cers, à Laurens et à Lespignan, ma plume n'osant vous dire qu'on me signale un point d'attaque dans la commune de Sauvian, nous sommes donc cernés par le puceron dévastateur ; pas un moment à perdre pour se mettre à l'œuvre ! Jeter un cri d'alarme, avoir encore le courage de le faire, c'est vouloir sauver les vignobles menacés !

— Viticulteurs, ne vous fiez pas trop aux apparences de la vigne, si elles ont encore sur certains points une luxuriante végétation ; le cercle de destruction qui nous entoure nous oblige de jeter le cri de : *Qui vive!* — Notre réponse doit être : *On ne passe pas!* Oui ! Viticulteurs, je vous en donne l'assurance, le terrible Aphidien peut nous atteindre dans une certaine mesure pendant quelques années, mais un travail opiniâtre et raisonné peut sauver nos vignes d'une complète destruction.

Actuellement l'insecte est à l'œuvre, il se multiplie dans nos environs, accomplissant son œuvre, tout en préparant, pour un avenir prochain, l'entière destruction de nos vignobles. Nous serions donc bien coupables si nous restions inactifs, assistant de gaîté de cœur à l'anéantissement de nos vignes, alors que la Providence a mis dans la nature le remède à côté du mal.

Aide-toi, Viticulteur, et le ciel t'aidera ! Laissons de côté ce raisonnement aussi absurde qu'égoïste : « Nous en avons encore pour 4 ou 5 ans. » Et après, que deviendront vos enfants et les enfants du peuple ? personnellement vous serez à l'abri de la misère, mais quelles seront les forces de la patrie dans l'avenir ? — Un tel raisonnement, qui résume l'égoïsme le plus cruel, nous conduirait aux plus grands malheurs.

Courage et au travail après les vendanges !

Je crois pouvoir compter sur votre impartialité, Monsieur le Directeur, pour l'insertion de la présente dans votre journal.

Dans cet espoir, veuillez agréer, Monsieur le Directeur, l'assurance de mes sentiments les plus dévoués et les plus reconnaissants.

C. BASTIDE,

Instituteur public.

N° 6

Somail, près Narbonne (Aude), le 26 novembre 1877.

Monsieur Bastide,

Nous avons reçu votre brochure et nous l'avons lue avec plaisir, nous vous en remercions mille fois, et nous pouvons vous assurer que votre petit Indicateur occupera une place d'honneur dans notre bibliothèque, en attendant que nous ayons le malheur d'y avoir recours.

Il serait à désirer que tout homme de talent et d'esprit consacrât comme vous sa fortune et sa vie à l'étude de ce fatal fléau, peut-être parviendrions-nous à l'éloigner de nos contrées.

Mon père fait l'éloge de votre œuvre, dont le style est si clair et si précis ; mon absence prolongée ne m'a pas encore permis de le parcourir en entier, mais aujourd'hui, revenu stable, je me promets ce doux plaisir.

Votre tout dévoué,
A. JALOUX.

N° 7

Beauvoisin (Gard), le 13 janvier 1878.

Mon cher Monsieur et ami Bastide, au Crès, près Montpellier (Hérault).

Permettez-moi l'expression d'ami à un homme aussi dévoué que vous pour descendre dans l'arène pour combattre le bon combat (je vous en remercie et vous en félicite).

A mon avis, nous sommes la minorité infime qui cherchons le salut de nos vignobles ou du moins une voie qui conduira à avoir du vin dans nos contrées méridionales, si cruellement éprouvées par les sécheresses.

Ce sera de la diversité des solutions que l'on trouvera la bonne solution. Je le crois, et j'en ai pour preuve les entraves que nous mettons à sa propagation. Depuis 1872, je n'ai perdu que pouce à pouce le terrain qui m'a été envahi par le terrible ennemi, et mes voisins ont perdu des hectares en entier dans l'espace d'une année.

J'en ai encore qui vivent très-bien avec le Phylloxera, mais à la condition d'un bon traitement de culture et d'engrais riche en potasse.

J'ai suivi le fameux précepte de feu notre grand maître Raspail: «La propreté, c'est la santé,» pas d'herbes ni de mottes et très-peu de coursons, car la mère nourricière n'aime pas à être dévorée par ses petits; comme vous, je suis partisan de la taille *hâtive*, c'est-à-dire après la tombée des feuilles.

Quant à l'écobuage.... Je suis prêt à l'essayer cette année, vu que je me propose de planter 20 hectares de terrain inculte depuis 20 ans, et je suivrai vos indications chimiques avant de les planter, sans oublier l'opération de l'écobuage,

qui est une riche fumure et un insectifuge. L'année prochaine je planterai davantage, etc............
....

Tout à vous, et me dis votre serviteur dévoué.

F. AMPHOUX.

N° 8

Le Crès, le 14 mars 1878.

A M. Bardoux, Ministre de l'Instruction publique, à Paris.

Monsieur le Ministre,

Je prends la liberté de vous adresser un exemplaire d'un opuscule intitulé : « L'Indicateur pratique du viticulteur, » dont je suis l'auteur. La question que j'ai eu le courage de traiter à la suite d'expériences qui m'ont donné de bons résultats pour paralyser la reproduction de l'insecte dévastateur, le Phylloxera, demande la sanction des hommes qui ont à cœur le bien-être du pays.

Je me fais donc un devoir, Monsieur le Ministre, de soumettre ce travail à votre haute et judicieuse appréciation. Si ce travail a un mérite, je vous prie de n'y voir que le désintéressement et l'accomplissement d'un devoir dicté par des sentiments de patriotisme. Après l'avoir apprécié, si vous pensez qu'il puisse être utile pour les intérêts de tous, je viens solliciter, de votre justice, de vouloir bien m'autoriser à faire des conférences pour en propager l'application, car ce procédé est pratique pour tous les viticulteurs, petits et gros propriétaires, s'adaptant à tous les travaux ordinaires de la vigne, sans compromettre les intérêts des viticulteurs.

Depuis trois ans, je m'impose d'onéreux sacrifices pour stimuler les viticulteurs les plus découragés. Si c'est une action louable à vos yeux et que mon système puisse vous donner l'assurance de résultats légitimes, afin d'en propager plus efficacement les heureuses conséquences, vous voudrez bien, si modeste que soit ce travail, lui donner votre haute approbation, pour qu'il puisse figurer dans les bibliothèques scolaires. Ce sera rendre ma tâche plus facile.

J'aurais voulu pouvoir, Monsieur le Ministre, vous soumettre aussi la 2e partie, qui est le complément nécessaire de ce grave et profond problème : la destruction de nos vignobles par le terrible Aphidien. Cette partie, traitant des cépages américains, n'ayant pu être terminée à temps par des raisons indépendantes de ma volonté, elles me privent aujourd'hui de la satisfaction bien légitime de faire figurer, dans ma modeste sphère, mon travail à l'Exposition.

J'avais eu la naïveté de croire que M. Delmas, alors préfet de notre département, seconderait ma bonne intention : je lui avais adressé, au mois d'août dernier, mon manuscrit pour avoir l'appréciation de la Commission du Conseil général ; il a gardé mon manuscrit, et je me suis vu dans la nécessité de refaire mon travail.

La question est trop importante pour qu'elle ne stimule mon zèle, devrais-je succomber à la peine ; mais j'aurai la satisfaction d'avoir rempli un devoir que vous aimez à voir accomplir par vos plus humbles et dévoués Subordonnés, qui doivent s'animer des sentiments de désintéressement dont vous nous donnez l'exemple, pour servir le pays et contribuer, si modeste qu'on soit, au bien de tous et à la grandeur de la patrie.

J'ai l'honneur d'être,

avec un profond respect,

Monsieur le Ministre de l'Instruction publique,

Votre très-humble et obéissant serviteur.

C. BASTIDE,
Instituteur public.

N° 9

CIRCULAIRE

Le Phylloxera

Le Crès, le   avril 1878.

Monsieur et cher Collègue,

Depuis que l'insaisissable *Aphidien* ravage nos vignobles, on a essayé une foule de moyens pour le combattre. Jusqu'ici tous les moyens proposés sont restés inefficaces, par la raison bien simple qu'ils ne sont pas pratiques pour le viticulteur.

Je me suis occupé de cette intéressante question (grave problème s'il en existe), en lui donnant une solution en dehors de toute spéculation d'un intérêt personnel.

Le viticulteur réfléchi, après avoir lu et apprécié le *procédé* consigné dans l'Indicateur pratique du Viticulteur, ou *Nouveau Système* de traitement pour le Phylloxera, pourra être juge de l'opportunité d'employer le procédé indiqué ; dans son complément : *Les Cépages américains* et le Viticulteur, il pourra connaitre les sujets et en déduire les avantages ou les inconvénients, en ayant recours à la plantation de ces cépages exotiques.

Il vous sera incessamment adressé, cher Collègue, un exemplaire de ces deux brochures.

Les lettres flatteuses et encourageantes de *hauts personnages* et de nombreux viticulteurs compétents de notre région me dispensent de faire de la réclame. Je vous dirai : Lisez, appréciez et essayez, les résultats satisfaisants ne se feront pas attendre.

Ce procédé, pratique pour tous, réunit, à tous égards, des

résultats faciles à reconnaître; aussi, préoccupé, comme moi, cher Collègue, de l'avenir du pays et du bien-être général, il vous sera permis, par vos relations intimes avec les pères de famille, en majeure partie tous viticulteurs, de leur faire connaître ce procédé et, au besoin, en prendre l'initiative dans votre localité pour en faire l'application. Vous aurez ainsi rempli *un de ces devoirs* qui nous incombent à nous, instituteurs de campagne, de faire luire la lumière qui doit nous apporter à tous le bien-être avec notre entière émancipation.

J'ai l'honneur de vous saluer.

C. BASTIDE,

Instituteur public au Crès, près Montpellier (Hérault).

Nota. — Ces deux brochures se vendent chez tous les libraires et chez l'auteur. — Envoi *franco* par la poste, à toute personne dont la demande sera accompagnée de 1 fr. 25 c. en timbres-poste, pour chaque brochure, ou d'un mandat sur la poste.

N° 10

PRÉFECTURE
DE L'HÉRAULT

Cabinet du Préfet

Montpellier, le 5 avril 1878.

Monsieur Bastide,

M. le Ministre de l'Instruction publique, des Cultes et des Beaux-Arts me fait savoir que vous lui avez adressé un exemplaire d'un opuscule dont vous êtes l'auteur, intitulé : « L'Indicateur pratique du Viticulteur, » et me charge de vous remercier en son nom de cette communication, l'étude de ces questions ayant une importance réelle en raison surtout des souffrances que subit en ce moment cette branche de l'Agriculture, dans nos pays.

Recevez, Monsieur Bastide, l'assurance de ma considération très-distinguée.

Le Préfet de l'Hérault :

G. DE LESTAUBIÈRES.

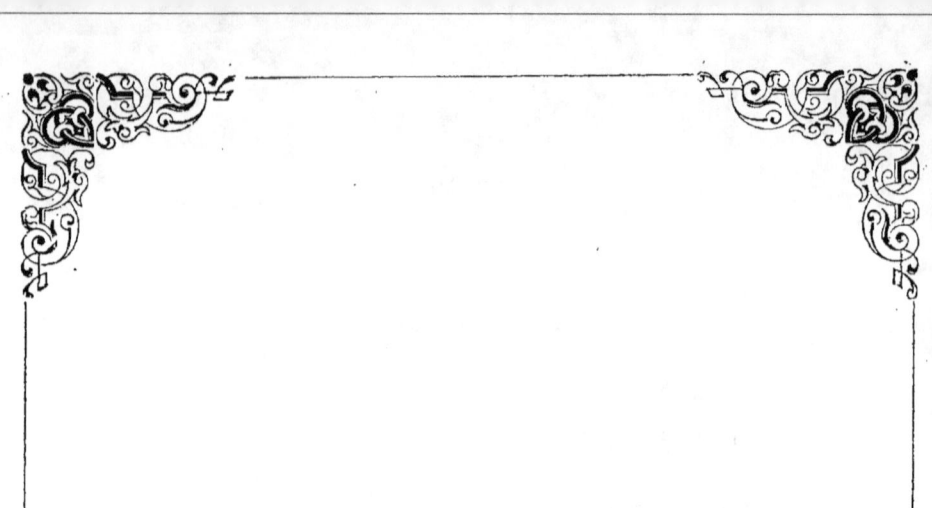

www.ingramcontent.com/pod-product-compliance
Lightning Source LLC
LaVergne TN
LVHW022113080426
835511LV00007B/789